중국인과 함께 보는

미용 중국어

与韩国人一起看的 美容汉语

최정윤 | 신운철 | 김은주 공저

진샘미디어
JINSAEM

Preface

한국을 대표하는 현대적인 아이콘인 한류(韓流), 그 바람결에서 우리는 이제 미용, 패션 분야가 한국과 중국을 이어주는 실크로드가 되고 있음을 피부로 체감하고 있습니다.

이제 뷰티 산업은 싸이의 '강남스타일' 못지않게 한국의 문화를 세계에 알리는 브랜드 역할을 해 내고 있습니다. 수많은 중국의 관광객, 유학생 등 소비계층이 한국의 미용제품을 애용하고 또 선진적인 미용기술과 서비스를 배우기를 갈망하고 있으며 시장 개척을 선도해 나가고 있습니다.

한국 출신의 교수와 중국 출신의 교수인 공동 저자는 관찰과 소통을 통해 '미용 중국어'라는 컨텐츠의 필요성을 공감하게 되었고, 이 분야의 배움을 원하는 이들에게 보다 쉽게 지식을 접할 수 있는 기회를 부여하고자 하는 소박한 생각으로 본 저서를 집필하게 되었습니다. 따라서 본 저서는 한국인에게는 기초적인 미용 중국어 실력을 양성하는 데 도움을 주고, 중국인에게는 한국어 미용 용어를 쉽게 해독하도록 도움을 주기 위해 집필된 교재입니다. 또한 미용 분야에 종사하는 전문인과 일반 소비자의 커뮤니케이션을 도와주는 도우미의 역할도 담당하게 될 것으로 판단됩니다.

교재는 먼저 중국어 발음에 대해 소개하고, 다음으로 뷰티샵에서 한국인이든 중국인이든 어느 쪽이든지 상대방과 손쉬운 대화법을 구사할 수 있도록 하는 내용으로 구성되었습니다. 즉, 샵에서의 접수, 진행 및 상용 대화, 단어 교체 연습 등을 순차적으로 편집하여 미용 관련 분야에서 사용하는 어휘들을 충분히 습득할 수 있도록 노력하였습니다. 책의 후미에는 미용 단어를 가나다순으로 엮어서 필요한 단어를 색인(索引)을 통해 쉽게 찾아서 학습할 수 있도록 배려하였습니다.

본 교재가 한국과 중국의 뷰티 산업 발전에 조금이나마 도움이 되어 양국 시장에서 널리 활용되는 컨텐츠로 성장 발전되었으면 하는 바람으로 저자의 생각을 정리해 봅니다.

끝으로 진샘미디어 출판사에 진심으로 감사의 마음을 전합니다.

저자 최정윤, 신운철, 김은주

引言

“韩流”已经成为了韩国代表性的现代符号，在“韩流”的热浪中美容、时尚领域正逐渐成为连接韩国和中国的“丝绸之路”。

如今，美容产业正发挥将韩国文化推向世界的品牌作用，这种影响力丝毫不亚于“江南Style”在全球掀起的轩然大波。众多中国的游客、留学生等消费群体酷爱韩国的美容产品，也渴望学习韩国的先进美容技术和服务，这种趋势正在先导相关市场的开拓。

该书的作者来自韩国和中国，三位分别是美容和语言方面的专家教授，他们通过洞察和沟通对开发“美容汉语”内容的必要性达成了共识，决定执笔创作该专业书籍，以向准备涉足该领域的人提供学习相关知识的机会。即，编写该书的目的是帮助韩国人提高基础美容汉语实力，而帮助中国人更加容易地理解韩国的美容用语。此外，该书将作为辅助沟通工具，为从事美容领域的专业人士和一般消费者进行沟通提供帮助。

该书首先介绍了有关汉语发音的内容，然后为中国人和韩国人介绍了在美容店可以与对方顺利进行沟通的方法和内容。该书按照美容店里的咨询、美容、常用对话、单词替换练习等顺序进行了编写，力求让读者充分学习到美容领域的相关用语。结尾部分，按照字母顺序列举了美容单词的索引，为读者的学习创造了方便条件。

作者们希望，该书的内容能够在两国市场得到广泛运用，为中韩美容产业的发展贡献微薄之力。

最后，谨向JINSAEM MEDIA出版社致以衷心的谢意。

作者 崔丁允、慎云哲、金恩柱

Recommendation

안녕하십니까? (사)한국메이크업전문가직업교류협회 회장 안미려입니다.

오늘날 우리의 가장 큰 화두는 "뷰티산업의 창조적 한류(韓流)"입니다. 기존의 지식과 경험을 넘어 새로운 것을 창조할 수 있는 능력이 우리에게 반드시 필요합니다. 오늘날 미용, 패션의 분야가 한국과 중국을 이어주는 가교가 되고 있음을 피부로 체감하고 있습니다.

이제 뷰티산업은 "K-POP"이나 "강남스타일" 못지않게 한국 문화를 세계에 알리는 브랜드 역할을 해내고 있습니다. 수많은 중국의 소비계층이 한국의 미용제품을 애용하고, 또 우리의 선진적인 미용기술과 서비스를 배우기를 갈망하고 있으며, 중국의 시장 개척을 선도해 나가고 있습니다. 이러한 시기에 한국 출신의 최정윤, 김은주 교수와 중국 출신의 신운철 교수가 의기투합으로 관찰과 소통을 통해 "미용중국어"라는 컨텐츠의 필요성을 공감하여 이 분야의 배움을 원하는 이들에게 보다 쉽게 지식을 접할 수 있는 기회를 부여하고자 우리나라와 중국인에게 매우 소중한 미용도서를 만들어 주었습니다.

이 책은 한국인에게는 기초적인 중국어 발음에 대해 정확히 소개를 하여 미용 중국어 실력을 양성 하는 데 도움을 주고, 중국인에게는 한국어 미용 용어를 쉽게 해독할 수 있도록 도움을 줌으로서 뷰티샵에서 한국인, 중국인 어느 쪽이든지 상대방과 손쉬운 대화법을 구사할 수 있도록 하는 내용으로 구성되어 있습니다. 또한 뷰티샵에서의 접수, 진행 및 상용 대화 등으로 구성하여 순차적으로 미용 관련 분야에서 사용하는 어휘들을 충분히 습득할 수 있게 배려해 주었고 미용분야에 종사하는 전문인과 일반소비자의 커뮤니케이션을 도와주는 도우미의 역할도 충분히 담당하게 될 것으로 생각합니다.

도서를 집필해 주신 교수님들의 노고에 경의를 표하며 본 도서가 가까운 미래에 한국과 중국의 뷰티 산업 발전에 시금석이 되어 양국 시장에서 널리 활용되는 컨텐츠로 성장 발전하기를 희망합니다.

2013년 8월 20일

(사)한국메이크업전문가직업교류협회 회장 **안 미 려**

安美麗

推荐语

各位好!

我是社团法人韩国化妆专家职业交流协会会长安美丽。

众所周知“美容业的创造性韩流”是当前最热门的话题之一。这个时代，跨越原有知识和经验培养创新能力对我们来说变得极其重要。我切身感到如今的美容和时尚领域已成为连接中国和韩国的桥梁和纽带。

目前，美容业向全世界传播韩国文化的品牌作用绝不亚于“K-POP”和“江南Style”。许多中国游客和留学生等消费群体十分钟爱韩国的美容产品，渴望学习韩国先进的美容技术和服务，这种趋势正在引领着中国美容市场的开拓。在这样的时代背景下，韩国籍教授崔丁允、金恩柱及来自中国的慎云哲教授通过观察、沟通与交流，对创作“美容汉语”的重要性达成了共识。他们为了向渴望在美容业有所作为的人提供学习和交流机会，着手编著了这本对中国人和韩国人都十分受用的美容图书。

本书为韩国人详细介绍了汉语的基础发音方法，将为学习美容汉语及提高汉语实力提供有益的帮助。同时，还具体介绍了美容店的预约、接待、服务的全过程及相关常用会话，并收录了大量的美容专业词汇和用语，做了通俗易懂的解析，使得无论是韩国人还是中国人都能够方便地学习美容会话成为可能；读者只要通读本书并掌握足够的词汇量，就能轻松地与对方进行对话，尤其可为从事美容业的专业人员与普通消费者进行沟通提供有益的帮助。

我谨向为编著本书付出辛劳的几位教授表示敬意，希望本书能够在不远的将来成为中韩两国美容产业发展的试金石，并在两国市场得到广泛应用，推动两国美容业的蓬勃发展。

2013年8月20日

(社)韩国化妆专家职业交流协会会长 **安美丽**

安美麗

Contents

제1부

헤어

美发

Měifà

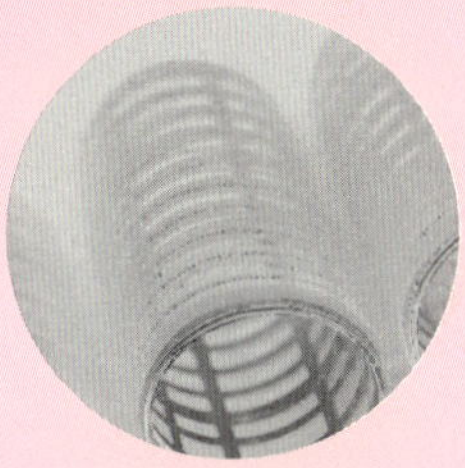

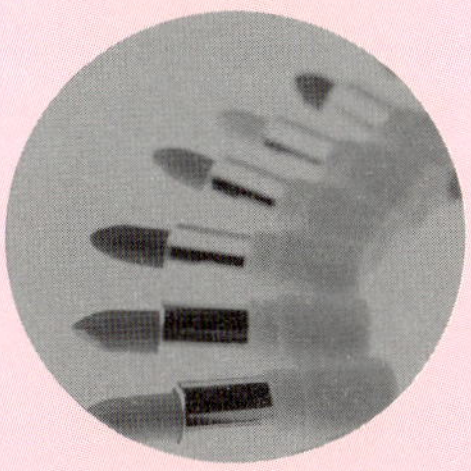

제1장

헤어 미용실에서 사용되는 단어

美发店常用词汇

Měifàdiàn chángyòng cíhuì

001

가운	客袍	kèpáo

002

민두	头模	tóumó

003

홀더	支架	zhījià

004

로드	发卷	fàjuǎn

005

나이아가라 로드	尼亚加拉发卷	Níyàjiālā fàjuǎn

006

브러시	梳子	shūzi

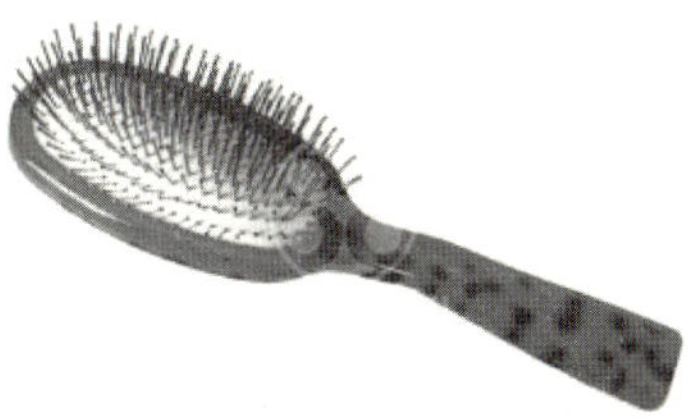

007

커트 빗(꼬리빗)	挑梳(尖尾梳)	tiǎoshū(jiānwěishū)

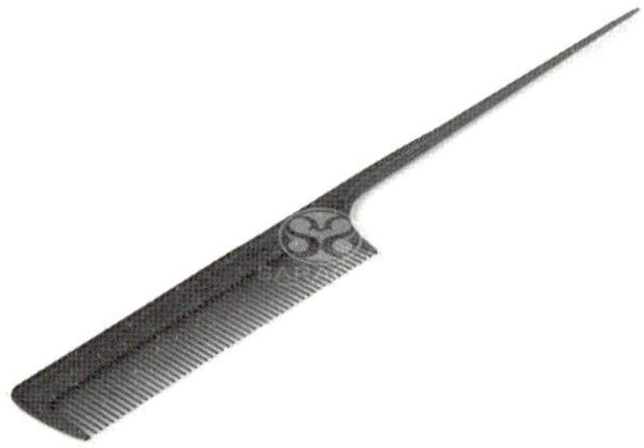

008

드라이 빗	吹风梳	chuīfēngshū

009

자르다(컷트)	剪发	jiǎnfà

010

드라이	吹风	chuīfēng

011

찍찍이 구르프	毛毛空心卷	máomao kōngxīnjuǎn

012

매직 스트레이트	拉直膏	lāzhígāo

013

컬링 아이롱	卷发棒	juǎnfàbàng

014

이온 헤어드라이	负离子吹风机	fùlízǐ chuīfēngjī

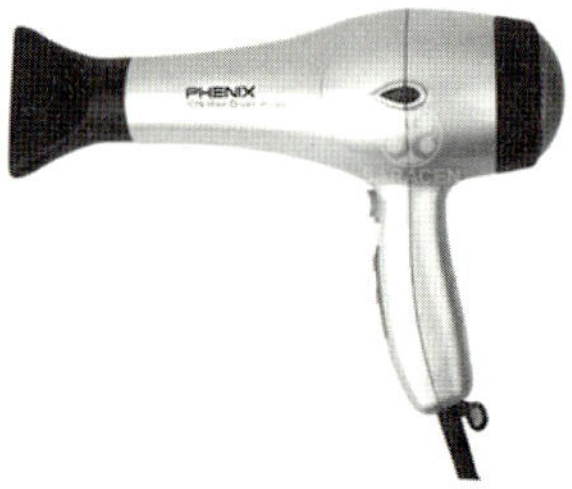

015

매직기	直发棒	zhífàbàng

016

트리트먼트 캡	护发电热帽	hùfà diànrèmào

017

이발용 컷트	理发剪	lǐfàjiǎn

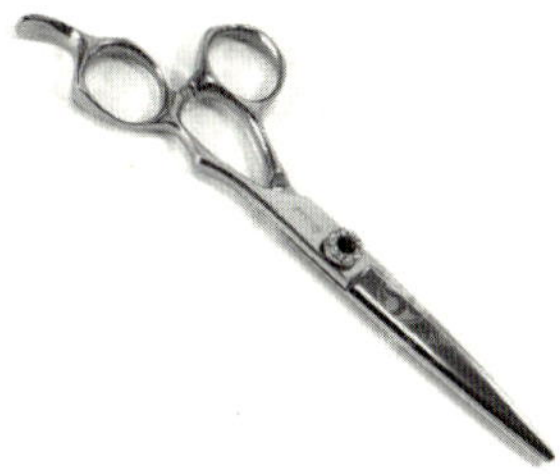

018

헤어 클리퍼	理发器	lǐfàqì

019

샤기 틴닝가위	牙剪	yájiǎn

020

컷트 가위	剪刀包	jiǎndāobāo

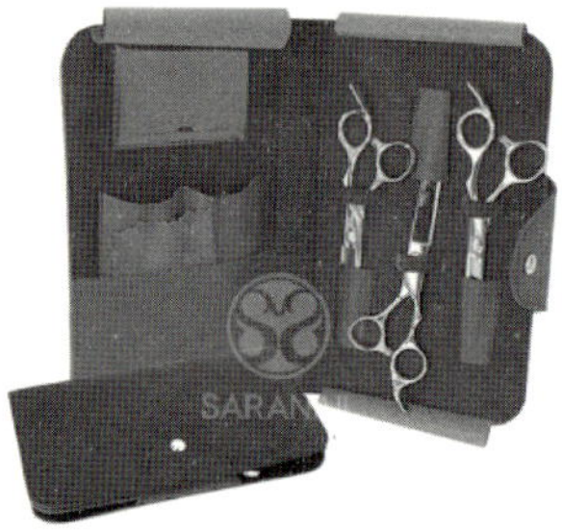

021

레자기	刮脸刀	guāliǎndāo

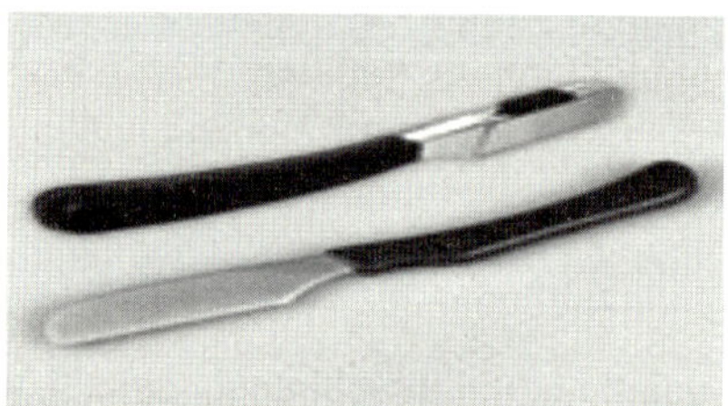

022

바리깡	充电推剪	chōngdiàn tuījiǎn

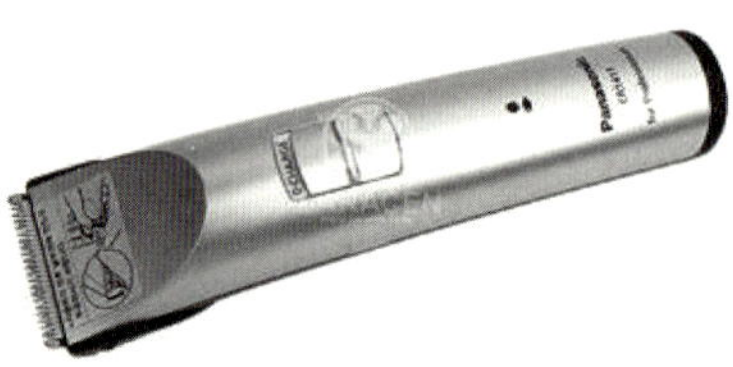

023

염모제	染发剂	rǎnfàjì

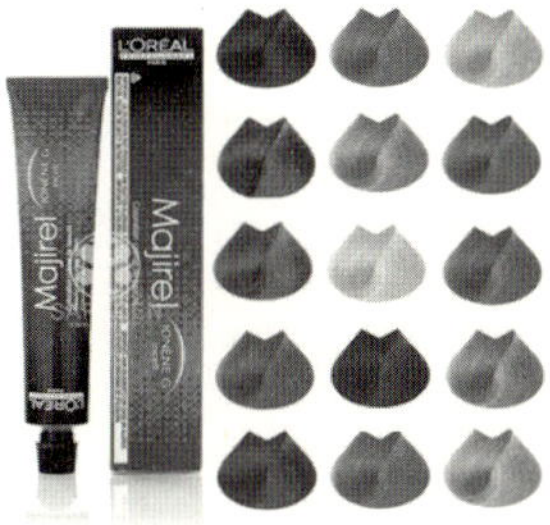

024

염색	染发	rǎnfà

025

올림머리	盘发	pánfà

026

앉다	坐	zuò

027

보다	看	kàn

028

소개하다	介绍	jièshào

029

환영하다	欢迎	huānyíng

030

감사합니다	谢谢	xièxie

031

~해 주세요	请…	qǐng

032

기다려 주세요	请稍等	qǐng shāo děng

033

머리를 감겠습니다	现在给您洗发	xiànzài gěi nín xǐfà

034

거울	镜子	jìngzi

035

빗	梳子	shūzi

036

파마	烫发	tàngfà

037

머리	头发	tóufa

038

책자	册子	cèzi

039

똑같이	一样	yíyàng

040

짧게 해 주세요	请剪短些	qǐng jiǎnduǎn xiē

041

음이온 아이스	负离子冷烫机	fùlízǐ lěngtàngjī

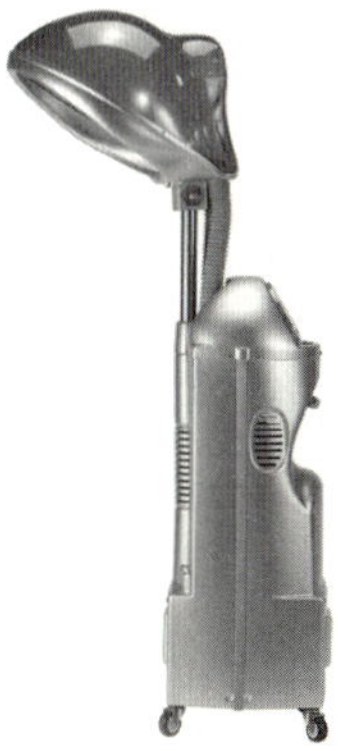

Reference

음이온 온·냉 기능과 특징
负离子温冷功能及特征
Fùlízǐ wēnlěng gōngnéng jí tèzhēng

- 파마, 매직: 찰랑이고 볼륨있는 컬로 완성
  烫发、离子烫 tàngfà, lízǐtàng : 打造垂顺而富有线条感的发型

- 코팅, 매니큐어: 유리알같이 투명한 코팅력
  镀膜、头发指甲油 dùmó, tóufa zhǐjiayóu : 玻璃球般透明的镀膜强度

- 염색, 탈색: 컬러의 착색, 선명도가 확실
  染发、漂发 rǎnfà, piǎofà : 实实在在的着色和鲜明度

- 트리트먼트: 손상모발의 클리닉 극대화
  护发素 hùfàsù : 将损伤毛发的护理最大化

- 윤기있는 머릿결과 탄력있는 웨이브 형성
  打造亮丽、光滑的秀发和弹力十足的波浪卷

- 냉타올보다 10배 이상 강력한 코팅 기능성
  强有力的镀膜功能，比冷毛巾强十倍以上

042

샴푸대	洗发台	xǐfàtái

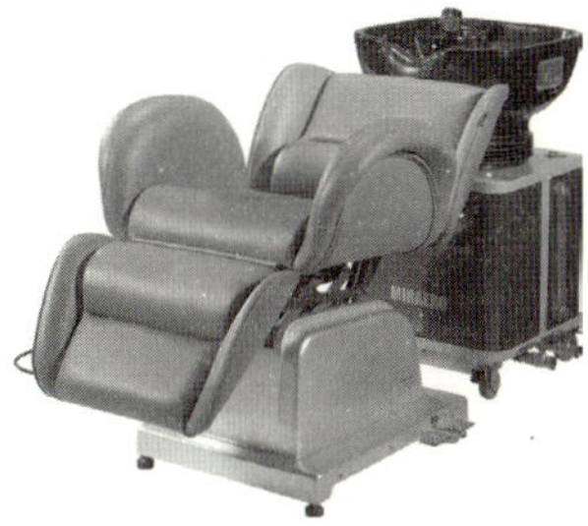

043

컷트 윙	美发工具车	měifà gōngjùchē

044

미용의자	美发椅	měifàyǐ

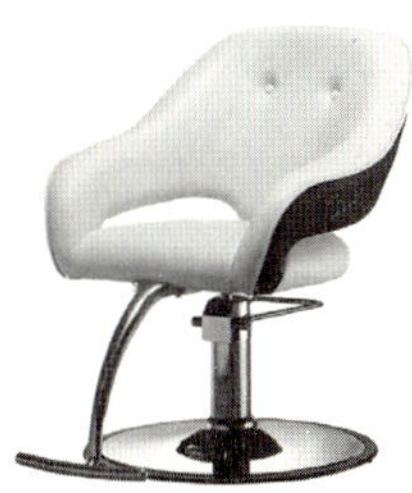

045

싸인볼	转灯	zhuàndēng

046

스프레이	定型水	dìngxíngshuǐ

047

헤어무스	摩丝	mósī

048

왁스	发蜡	fàlà

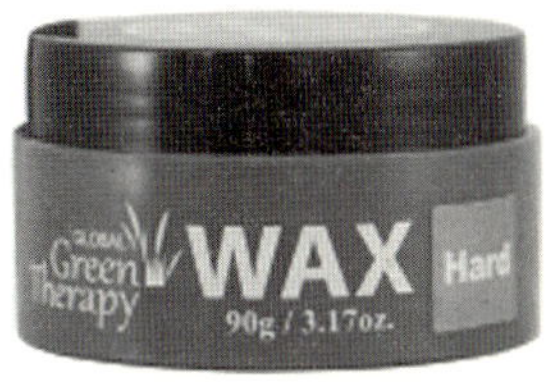

049

젤	发胶	fàjiāo

제2장

미용실 대화

美发店会话

Měifàdiàn huìhuà

매니저	어서 오세요!
经理	欢迎光临!
jīnglǐ	Huānyíng guānglín!

고객	예, 안녕하세요!
顾客	你好!
gùkè	Nǐ hǎo!

매니저	저는 매니저 김순정입니다.
经理	我是金顺贞经理。
jīnglǐ	Wǒ shì Jīn Shùnzhēn jīnglǐ.

고객	반갑습니다.
顾客	认识您很高兴。
gùkè	Rènshi nín hěn gāoxìng.

매니저	여기 상담실 의자에 앉으세요! 차는 커피와 녹차와 음료가 있습니다. 무엇으로 드릴까요?
经理	这是咨询室，请坐! 有咖啡、绿茶和饮料。您喝什么?
jīnglǐ	Zhè shì zīxúnshì, qǐng zuò! Yǒu kāfēi、lǜchá hé yǐnliào. Nín hē shénme?

고객	커피로 주세요.
顾客	我喝咖啡。
gùkè	Wǒ hē kāfēi.

매니저	어떤 스타일을 원하세요? 특별히 원하는 스타일이 있으세요? 아님 책자를 가져다 드릴까요?
经理	您要做哪种发型? 有特别想做的发型吗? 要不给您看册子吧。
jīnglǐ	Nín yào zuò nǎ zhǒng fàxíng? Yǒu tèbié xiǎng zuò de fàxíng ma? Yàobù gěi nín kàn cèzi ba.

고객	예, 책자를 보여 주세요.
顾客	好, 给我看册子吧。
gùkè	Hǎo, gěi wǒ kàn cèzi ba.

매니저	예, 알겠습니다. 외투와 가방을 보관함에 보관하여 드리겠습니다. 필요한 간단 소지품을 챙겨 주세요!
经理	好, 知道了。外套和包帮您放在保管箱里。随身物品请保管好!
jīnglǐ	Hǎo, zhīdao le. Wàitào hé bāo bāng nín fàngzài bǎoguǎnxiāngli. Suíshēn wùpǐn qǐng bǎoguǎnhǎo!

고객	이런 스타일의 머리를 하고 싶군요!
顾客	我想做这种发型!
gùkè	Wǒ xiǎng zuò zhè zhǒng fàxíng!

매니저	예, 알겠습니다. 잠시 기다려 주세요! 디자이너를 소개해 드리겠습니다.
经理	好, 明白了。请稍等! 给您介绍发型师。
jīnglǐ	Hǎo, míngbai le. Qǐng shāo děng! Gěi nín jièshào fàxíngshī.

단어 교체 연습
单词替换练习 Dāncí tìhuàn liànxí

01

저는 커트를 하고 싶군요!

我想剪发!

Wǒ xiǎng jiǎnfà!

파마	烫发	tàngfà
염색	染发	rǎnfà
올림머리	盘发	pánfà

셋팅펌	陶瓷烫(setting perm)	táocítàng

02

커피로 주세요.

我喝咖啡。

Wǒ hē kāfēi.

녹차	绿茶	lǜchá
홍차	红茶	hóngchá
보이차	普洱茶	pǔ'ěrchá
주스	果汁	guǒzhī
물	水	shuǐ

제3장

파마 종류

烫发种类

Tàngfà zhǒnglèi

1 셋팅파마

전기 셋팅기의 고열을 이용하여 자연스런 웨이브를 만들어 주는 기법이다. 굵고 탄력 있는 웨이브 스타일로 윗머리는 생머리에 아랫머리가 구불구불 말리는 형태. 간단한 드라이 말림으로도 스타일 표현이 가능하다.

陶瓷烫(setting perm)**:** táocítàng
利用烫发机的高热制作自然波浪卷的技法。利用粗而富有弹力的波浪卷造型，头发上端可以表现成原发，头发下端可以表现成弯弯曲曲的波浪型。通过简单的吹风，即可完成造型。

2 디지털파마

셋팅파마와 같이 열을 이용해 웨이브를 만드는 파마로 셋팅은 긴 머리 위주로 높은 열로 하는 것이고, 디지털은 짧은 머리에 주로 시술하며 낮은 열로 손상도가 적다. 풀린 듯하면서 자연스럽게 살아나는 컬(curl)로 스타일링이 편하다. 〈논스톱 5〉에서 긴머리를 싹뚝 자른 구혜선 스타일이나 〈네 멋대로 해라〉에서 인기를 끈 이나영 머리가 대표적이다.

数码烫(digital perm)**:** shùmǎtàng
与陶瓷烫一样，利用热量制作波浪。陶瓷烫以长发和高热为主；数码烫以短发为主，利用低热，毛发的损伤度低。发卷(curl)蓬松自然，容易做各种发型。具有代表性的有《Nonstop 5》中剪短长发的具惠善发型和《预约爱情》中人气十足的李娜英发型。

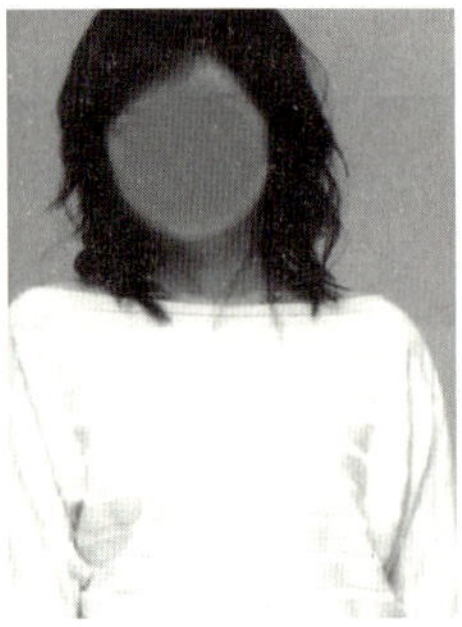

3 텍스쳐파마

웨이브 컬에 질감을 주는 시술로 셋팅(디지털)파마처럼 열기구를 사용하지 않고 굵은 웨이브 컬을 만들 수 있다. 손상된 모발에 권한다.

纹理烫(texture perm): wénlǐtàng
作为给波浪卷赋予质感的方法，不像陶瓷烫(数码烫)利用加热工具，也可以制作粗浪卷。适用于受损伤的发质。

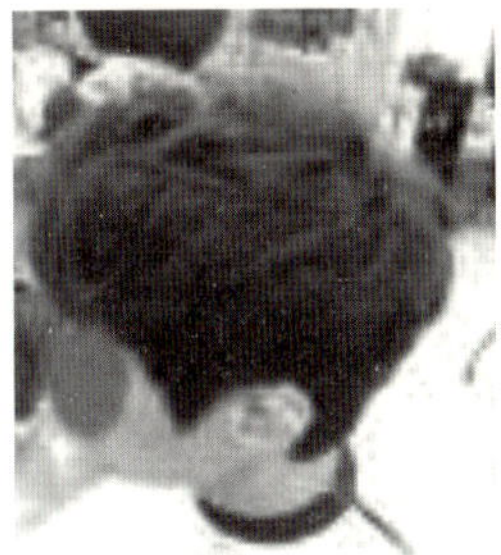

4 호일파마

호일파마는 말 그대로 쿠킹호일을 이용한 파마이다. 일명 폭탄머리. 삐죽삐죽 부스스한 머리로 머리길이가 4cm 이상이면 시술이 가능하다. 〈올드보이〉의 최민식 머리로 익숙해진 스타일이다.

锡纸烫(foil perm): xīzhǐtàng
顾名思义，锡纸烫是利用烹饪用铝箔烫发。该烫发又被称为“爆炸头”，蓬乱的头发参差不齐，发长达四厘米以上即可做。《老男孩》中崔岷植的发型就是家喻户晓的锡纸烫发型。

5 핀컬파마

로드 대신 핀을 이용하여 부드럽고 자연스러운 컬을 만든다. 짧은 머리에 C컬 정도의 실루엣을 원할 때 시행하는 파마 기법. 짧은 커트 스타일이나 일정 부위에 부분적으로 한다. 〈영광의 재인〉에서 이장우 스타일이다.

手指卷发(pin curl perm): shǒuzhǐ juǎnfà
不使用发卷(rod)，而使用发夹(pin)制作柔和而自然的发卷。如果想在短头发上做C卷大小的波浪，可以使用此烫法。可以在短头发或特定部位上做一部分手指卷发。典型例子有《荣光的在仁》中李章宇的发型。

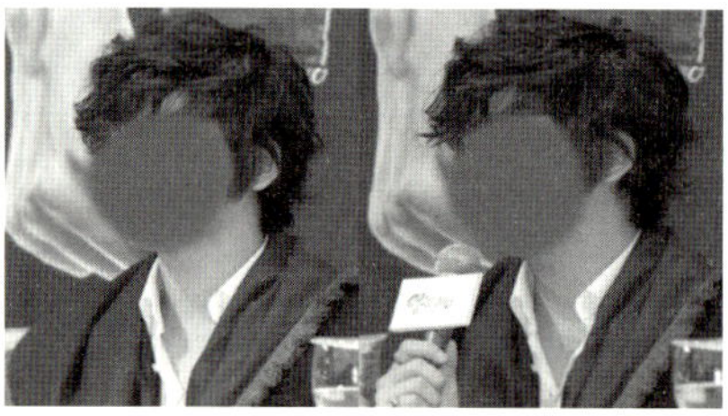

6 위빙파마

일대일 파마라고도 하는 위빙파마는 일부분만 파마를 하고 나머지 섹션은 파마를 하지 않고 남겨두는 것으로, 복합적인 질감으로 인해 자연스러운 형태와 탄력이 생긴다. 웨이브 사이사이에 생머리를 남겨 자연스러움을 컨셉으로 하는 스타일. 단발머리에 주로 사용하고 머리숱이 많은 경우 모발의 부피감을 줄일 수 있는 장점이 있다.

挑烫(weaving perm): tiǎotàng
挑烫又称一对一烫发，该烫发只在一部分区域烫发，剩下区域不做烫发，使其保持原样，因为复合型质感，可以产生自然形态和弹力。该烫法可以在波浪卷之间留下原发，保持自然的发型。该烫法主要用在短发上，如果头发密集，有可减轻毛发体积的优点。

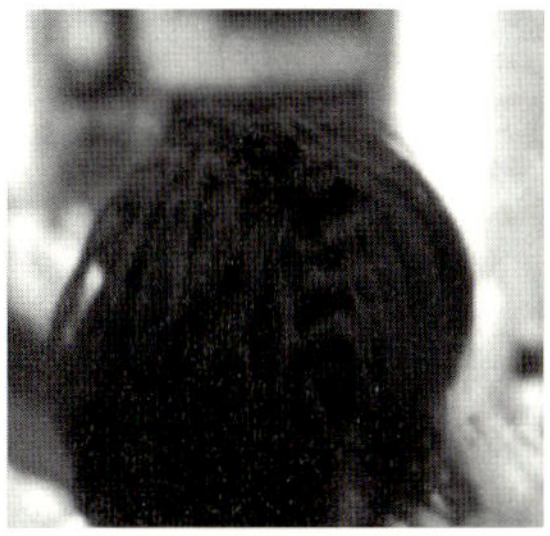

7 다이렉트 나이아가라 파마

입체감을 느낄 수 있는 독특한 클립형 도구를 사용하는 파마로 머리숱이 적은 사람들의 단점을 커버할 수 있다. 펑키한 느낌으로 발랄해 보이지만 강한 웨이브로 모발 손상도가 크다. 〈광복절 특사〉의 송윤아 머리가 대표적이다.

泡面烫(direct niagara)**: pàomiàntàng**
使用夹子型工具烫发，可以表现立体感，掩盖头发少的顾客的缺点。虽然依靠新潮(funky)的感觉，显得活泼生动，但是由于波浪较强，头发的损伤程度较大。具有代表性的是《光复节特赦》中宋允儿的发型。

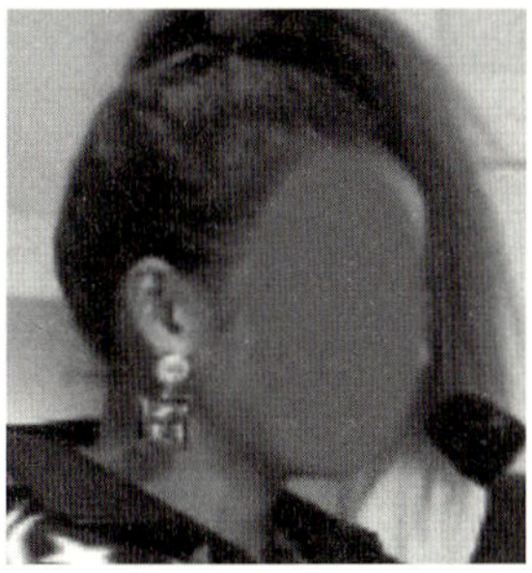

8 베이비파마

아줌마 파마의 변형. 안정환과 신정환이 해서 유행하기도 한 파마로 〈반지의 제왕〉 프로도의 머리도 베이비파마에 해당. 짧은 머리에 굵은 웨이브를 한 스타일. 샴푸 후 손가락으로 돌돌 말아가면서 말려주며 왁스로 고정하면 된다.

娃娃烫(baby permanent): wáwatàng

主妇卷的变形。安贞焕和申正焕做的娃娃烫也曾流行一时，《指环王》中佛罗多的头发也属于娃娃烫，即短头发上形成粗波浪卷的发型。洗发后，一边用手指卷发，一边弄干头发，然后用发蜡固定发型即可。

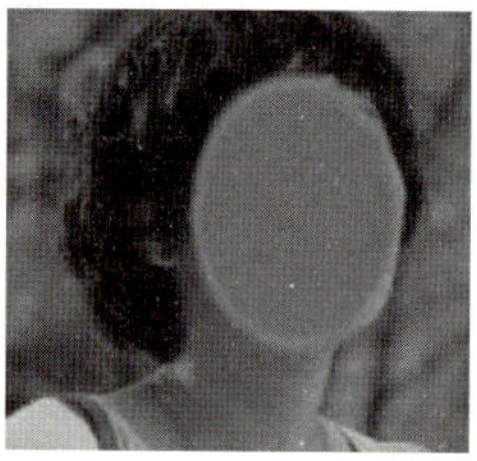

9 로드

웨이브를 만들 목적으로 머리카락을 마는 기구이다.

发卷(rod): fàjuǎn

制作波浪卷时，卷头发的工具。

10 백콤

볼륨을 더해 주고 방향을 유도할 때 머리다발을 들어 올려 빗으로 밀어 넣는 동작이다.

逆梳(back comb): nìshū

为增加波浪，诱导方向，将头发竖起，利用梳子往里梳进去的动作。

11 뱅

잘라서 내린 앞부분의 머리이다.

刘海(bang): liúhǎi
剪发后，前额部分垂下来的头发。

12 브레이드

셋 이상의 가닥으로 갈라서 엮어 한 가닥으로 표현하는 방법이다.(땋기)

编发(braid): biānfà
将头发分成三绺以上，再编成一绺的表现技法。

13 블로킹

미용 기술을 시술할 때 머리카락을 크게 구분하여 나누는 것. 시술의 편의를 위하여 스타일에 맞추어서 구분 짓는 구획이다.

大分区(blocking): dà fēnqū
在使用美发技法时，首先对头发进行大块分区。为了便利，可以根据要做的发型进行区划。

14 샤기

보풀이 일어난 긴 표면털(직물에 난 털)을 가진 모직물. 텁수룩한 털이란 뜻. 정돈되지 않은 듯한 질감 표현으로 자유스럽고 편안함을 갖는 미용의 질감 표현법이다.

蓬乱发型(shaggy): péngluàn fàxíng
毛织物表面上起的长毛。意为蓬松松的毛。通过看似未经整理的质感，表现自然和舒服感。

15 세미롱

숏과 롱의 중간 머리 길이로 정돈된 머리 모양. 턱부터 약 1cm 아래로 내려온 길이이다.

半长(semi long): bànchán

头发的长度为短发和长发的中间程度，指整齐的发型，长度比下巴再往下一厘米左右。

16 섹션

부분, 구면, 칸막이 등의 의미로부터 블로킹으로 구분한 부분 또는 더 작게 나눈 부분이다.

分区(section): fēnqū

原具有部分、区划、隔离等意思，这里指大块分区的部分，或更加细分的部分。

17 실루엣

윤곽선. 라인과 같은 뜻으로 쓰인다. (그림자)

剪影(silhouette，法语): jiǎnyǐng

与轮廓线、线条为同义词。(影子)

18 와인딩

모발을 로드에 마는 기법. 랩핑(wrapping)이라고도 한다.

上卷(winding): shàngjuǎn

将头发卷在发卷上的技法，又称裹卷(wrapping)。

19 익스텐션

붙이는 머리의 일종으로 머리의 길이, 양감, 다른 질감을 더하는 것. 원하는 부위에 자유스럽게 다룰 수 있는 것이 특징이다.

接发(extension): jiēfà
用于增加发长、发量及其他质感的方法。其特点是，可以在头发任一处自由自在地进行操作。

20 콘로잉

머리카락을 조금씩 나누어서 땋고 그것을 전체형으로 만드는 머리 모양. 콘로우는 옥수수 낟알의 열을 없애서 쭉 늘어놓은 것. 1980년대부터 레게의 인기와 함께 일반에 알려지게 되었다.

玉米辫子发型(cornrowing): yùmǐ biànzi fàxíng
先将头发一小绺一小绺分开后编成辫子，最后使其形成为整体的发型。玉米辫子发型起源于将玉米一条一条抠掉后列出来的形态。上世纪80年代，雷鬼的人气使该发型变得家喻户晓。

21 포니테일

1950년대에 미국의 10대 소녀들 사이에 크게 유행된 스타일로 지금도 끈질기게 인기가 거듭되고 있다. 뒷머리 부분의 머리다발을 글자 그대로 말의 꼬리와 같이 내려진 머리형으로 주니어에게 어울리는 헤어스타일의 기본형이다. 성인 여성의 머리형으로도 크게 발전했다. 이것도 일종의 노트 스타일이라고 할 수 있다. 머리 전체를 하나로 모아 정수리 위에 묶는 것이다.

马尾辫(ponytail): mǎwěibiàn
上世纪50年代美国少女中广泛流行的发型，目前人气也在不断延续之中。主要做法是将后脑部头发捆扎成发束，向马尾那样垂下来，适合给儿童做。后来作为成年女性的发型也得到大大发展。可谓是一种捆扎发型(knot style)。即，将整个头发集中起来，捆扎在头顶上的发型。

제4장

상대가 잘 알아듣지 못할 때의 대화

对方没有听懂时的会话

Duìfāng méiyǒu tīngdǒng shí de huìhuà

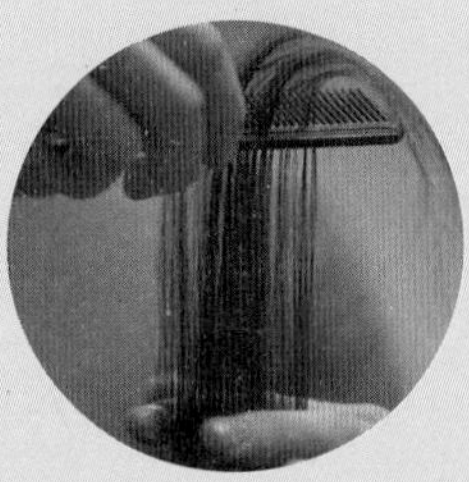

01

한번 더 말해 주세요.
请再说一遍。
Qǐng zài shuō yí biàn.

02

좀 더 천천히 이야기해 주세요.
请说得再慢一点。
Qǐng shuōde zài màn yìdiǎnr.

03

알아들을 수 없습니다.
没听懂。
Méi tīngdǒng.

제5장

여러 가지 표현을 기억합시다

记住各种表达方式

Jìzhu gèzhǒng biǎodá fāngshì

01

고객이 예약을 위해 미용실에 전화를 걸어 나누는 대화

顾客来电话预约时的会话

Gùkè lái diànhuà yùyuē shí de huìhuà

카운터 접수원	반갑습니다. 고객님 무엇을 도와 드릴까요?
前台服务员	您好。请问有什么可以帮到您?
qiántái fúwùyuán	Nín hǎo. Qǐngwèn yǒu shénme kěyǐ bāngdao nín?

고객	예, 안녕하세요! 예약을 하고 싶습니다.
顾客	你好! 我想预约。
gùkè	Nǐ hǎo! Wǒ xiǎng yùyuē.

카운터 접수원	예약시간을 말씀해 주세요?
前台服务员	您想预约几点?
qiántái fúwùyuán	Nín xiǎng yùyuē jǐ diǎn?

고객	오전 11시에 예약이 됩니까?
顾客	上午十一点可以吗?
gùkè	Shàngwǔ shíyī diǎn kěyǐ ma?

카운터 접수원	예, 됩니다. 어떤 머리를 원하세요?
前台服务员	可以。您想做什么发型?
qiántái fúwùyuán	Kěyǐ. Nín xiǎng zuò shénme fàxíng?

고객	셋팅펌을 하고 싶어요.
顾客	我想做陶瓷烫。
gùkè	Wǒ xiǎng zuò táocítàng.

카운터 접수원	예, 알겠습니다.
前台服务员	好，明白了。
qiántái fúwùyuán	Hǎo, míngbai le.

고객	감사합니다. 그 시간에 가겠습니다.
顾客	谢谢。我准时到。
gùkè	Xièxie. Wǒ zhǔnshí dào.

카운터 접수원	예, 감사합니다.
前台服务员	好，谢谢。
qiántái fúwùyuán	Hǎo, xièxie.

단어 교체 연습
单词替换练习 Dāncí tìhuàn liànxí

01

월요일 오전 11시에 예약이 됩니까?

星期一上午十一点可以预约吗?

Xīngqīyī shàngwǔ shíyī diǎn kěyǐ yùyuē ma?

요일	星期	xīngqī
월요일	星期一	xīngqīyī
화요일	星期二	xīngqī'èr
수요일	星期三	xīngqīsān
목요일	星期四	xīngqīsì
금요일	星期五	xīngqīwǔ
토요일	星期六	xīngqīliù
일요일	星期日(天)	xīngqīrì(tiān)

시간	时间	shíjiān
오전 10시	上午十点	shàngwǔ shí diǎn
오전 10시 30분	上午十点半	shàngwǔ shí diǎn bàn
오전 11시	上午十一点	shàngwǔ shíyī diǎn
12시 정각	十二点整	shí'èr diǎn zhěng
오후 1시	下午一点	xiàwǔ yī diǎn
오후 1시 30분	下午一点半	xiàwǔ yī diǎn bàn
오후 2시	下午两点	xiàwǔ liǎng diǎn
오후 3시	下午三点	xiàwǔ sān diǎn
오후 4시	下午四点	xiàwǔ sì diǎn
오후 5시	下午五点	xiàwǔ wǔ diǎn
오후 6시	下午六点	xiàwǔ liù diǎn

제6장

디자이너와 미용실에 방문한 예약 고객과의 헤어스타일에 대한 대화

发型师与来店的预约顾客谈发型时的会话

Fàxíngshī yǔ lái diàn de yùyuē gùkè tán fàxíng shí de huìhuà

디자이너	반갑습니다. 고객님!
发型师	您好，顾客!
fàxíngshī	Nín hǎo, gùkè!

고객	예, 반갑습니다.
顾客	你好。
gùkè	Nǐ hǎo.

디자이너	어떤 스타일을 원하세요?
发型师	您想做哪种发型?
fàxíngshī	Nín xiǎng zuò nǎ zhǒng fàxíng?

고객	셋팅펌을 하고 머리를 약간 자르고 싶어요.
顾客	我想做陶瓷烫，还想剪一点头发。
gùkè	Wǒ xiǎng zuò táocítàng, hái xiǎng jiǎn yìdiǎnr tóufa.

디자이너	예, 잘 어울릴 것 같군요. 앞머리는 어떻게 할까요?
发型师	好，应该很适合您。前发怎么做?
fàxíngshī	Hǎo, yīnggāi hěn shìhé nín. Qiánfà zěnme zuò?

고객	앞머리는 어려 보이게 내리고 싶어요.
顾客	前发想做成刘海，这样看起来会显得年轻。
gùkè	Qiánfà xiǎng zuòchéng liúhǎi, zhèyàng kànqilai huì xiǎnde niánqīng.

디자이너	예, 알겠습니다.
发型师	好，知道了。
fàxíngshī	Hǎo, zhīdao le.

시간이 지난 후~~

时间过后~~

Shíjiān guò hòu~~

디자이너	예, 거의 끝난 것 같군요.
发型师	好，差不多了。
fàxíngshī	Hǎo, chàbuduō le.
	스프레이를 좀 뿌려 드릴까요?
	要喷一点儿发胶吗?
	Yào pēn yìdiǎnr fàjiāo ma?

고객	예, 지금 약속이 있으니 좀 해 주세요.
顾客	好的，我马上要去赴约会，请给我喷一点儿吧。
gùkè	Hǎode, wǒ mǎshàng yào qù fù yuēhuì, qǐng gěi wǒ pēn yìdiǎnr ba.

디자이너	예, 끝났습니다.
发型师	好，做好了。
fàxíngshī	Hǎo, zuòhǎo le.

고객	어머, 너무 예뻐요. 감사해요.
顾客	啊，太漂亮了，非常感谢。
gùkè	À, tài piàoliang le, fēicháng gǎnxiè.

고객	비용은 얼마입니까?
顾客	多少钱?
gùkè	Duōshao qián?

디자이너	예, 5만 원입니다. 카운터에서 계산하시면 됩니다.
发型师	五万韩元。请到前台付款。
fàxíngshī	Wǔ wàn Hányuán. Qǐng dào qiántái fùkuǎn.

고객	감사합니다.
顾客	谢谢。
gùkè	Xièxie.

단어 교체 연습
单词替换练习 Dāncí tìhuàn liànxí

01

앞머리는 어려 보이게 내려야 할까요?

前发想做成刘海，这样看起来会显得年轻。

Qiánfà xiǎng zuòchéng liúhǎi, zhèyàng kànqilai huì xiǎnde niánqīng.

옆머리	侧发	cèfà
뒷머리	后发	hòufà

(말아) 올리다	卷上去	juǎnshangqu
(늘어뜨려) 내리다	垂下来	chuíxialai
그냥 두다	保持不动	bǎochí búdòng

제7장

고객이 머리염색을 하기 위해 미용실을 방문했을 때의 대화

顾客来美发店染发时的会话

Gùkè lái měifàdiàn rǎnfà shí de huìhuà

고객	머리염색을 하고 싶습니다.
顾客	我想染发。
gùkè	Wǒ xiǎng rǎnfà.

디자이너	염색하신 지는 얼마나 되셨습니까?
发型师	染发有多久了?
fàxíngshī	Rǎnfà yǒu duōjiǔ le?

고객	세 달 정도 되었습니다.
顾客	三个月左右。
gùkè	Sān ge yuè zuǒyòu.

디자이너	어떤 색을 원하세요? 아님 색 컬러표를 보여 드릴까요?
发型师	您想染成什么颜色? 要不给您看颜色表吧。
fàxíngshī	Nín xiǎng rǎnchéng shénme yánsè? Yàobù gěi nín kàn yánsèbiǎo ba.

고객	예, 색 컬러를 보여 주세요.
顾客	好, 给我看看。
gùkè	Hǎo, gěi wǒ kànkan.

디자이너	예, 알겠습니다. 여기 있습니다. 한 번 보시지요!
发型师	好, 知道了。给您。您先看看!
fàxíngshī	Hǎo, zhīdao le. Gěi nín. Nín xiān kànkan!

고객	13번 째의 이 색으로 해 주세요.
顾客	我要做第十三个颜色。
gùkè	Wǒ yào zuò dì shísān ge yánsè.

디자이너	블루의 연한 색을 원하시는군요. 그럼, 염색을 시작하겠습니다.
发型师	看来您要做浅蓝色。那么，现在开始染发了。
fàxíngshī	Kànlai nín yào zuò qiǎn lánsè. Nàme, xiànzài kāishǐ rǎnfà le.

고객	예.
顾客	好。
gùkè	Hǎo.

디자이너	염색이 다 되었습니다. 원하는 색상으로 되었는지요?
发型师	头发染好了。颜色满意吗?
fàxíngshī	Tóufa rǎnhǎo le. Yánsè mǎnyì ma?

고객	어머, 너무 멋지군요. 감사합니다.
顾客	啊，太好看了。谢谢。
gùkè	À, tài hǎokàn le. Xièxie.

디자이너	예, 마음에 드신다니 너무 기쁩니다.
发型师	好，只要您满意，我就很高兴。
fàxíngshī	Hǎo, zhǐyào nín mǎnyì, wǒ jiù hěn gāoxìng.

단어 교체 연습
单词替换练习 Dāncí tìhuàn liànxí

01

블루색으로 염색하실 건가요?

要染成蓝色吗?

Yào rǎnchéng lánsè ma?

연갈색	浅褐色	qiǎn hèsè
갈색	褐色	hèsè
보라색	淡紫色	dàn zǐsè
주황색	橙色	chéngsè
검정색	黑色	hēisè
자연스러운 색상	自然颜色	zìrán yánsè

제8장

고객이 드라이를 원해서 미용실을 방문했을 때의 대화

顾客来美发店吹发时的会话

Gùkè lái měifàdiàn chuīfà shí de huìhuà

고객	점심에 중요한 모임이 있어 머리를 하고 싶어요.
顾客	中午要参加重要活动，想做个头发。
gùkè	Zhōngwǔ yào cānjiā zhòngyào huódòng, xiǎng zuò ge tóufa.

디자이너	드라이를 원하세요? 아님 올림머리를 원하세요?
发型师	想吹发，还是盘发？
fàxíngshī	Xiǎng chuīfà, háishi pánfà?

고객	드라이를 하고 싶어요.
顾客	我想吹一吹。
gùkè	Wǒ xiǎng chuīyichuī.

디자이너	예, 알겠습니다. 그럼 드라이에 웨이브를 넣어 드릴까요?
发型师	好，知道了。吹风时需要加点儿波浪吗？
fàxíngshī	Hǎo, zhīdao le. Chuīfēng shí xūyào jiā diǎnr bōlàng ma?

고객	예, 그럼 좋을 것 같아요.
顾客	好，加点儿应该不错。
gùkè	Hǎo, jiā diǎnr yīnggāi búcuò.

디자이너	그럼, 앞머리는 내려 드릴까요?
发型师	那么，前面留不留刘海？
fàxíngshī	Nàme, qiánmian liúbuliú liúhǎi?

고객	예, 내려 주세요.
顾客	好，留吧。
gùkè	Hǎo, liú ba.

디자이너	예, 웨이브가 쉽게 풀리지 않도록 강하게 해드리겠습니다.
发型师	好，给您加强波浪卷的强度，不让它轻易松开。
fàxíngshī	Hǎo, gěi nín jiāqiáng bōlàngjuǎn de qiángdù, bú ràng tā qīngyì sōngkāi.

고객	예, 감사합니다.
顾客	好，谢谢。
gùkè	Hǎo, Xièxie.

디자이너	다 되었습니다.
发型师	做好了。
fàxíngshī	Zuòhǎo le.

단어 교체 연습
单词替换练习 Dāncí tìhuàn liànxí

01

점심에 중요한 모임이 있어 머리를 하고 싶어요.

中午要参加重要活动，想做个头发。

Zhōngwǔ yào cānjiā zhòngyào huódòng, xiǎng zuò ge tóufa.

오전	上午	shàngwǔ
오후	下午	xiàwǔ
저녁	晚上	wǎnshang
야간	夜晚	yèwǎn

초대	招待	zhāodài
결혼식	婚礼	hūnlǐ
돌잔치	周岁宴	zhōusuì yàn
모임	聚会	jùhuì
행사	活动	huódòng

제2부

메이크업

化妆

Huàzhuāng

제1장

메이크업 용어

化妆用语

Huàzhuāng yòngyǔ

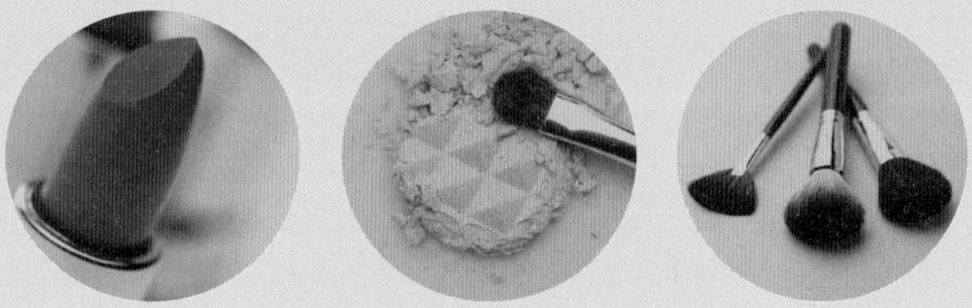

1 전문가용 18종 고급브러시(GA201-1) / 专家用18种高级刷 / zhuānjiāyòng shíbā zhǒng gāojí shuā

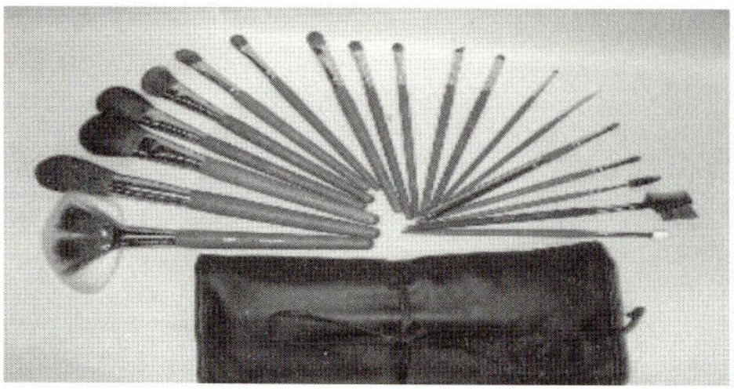

2 아이섀도(30 color) / 眼影(eyeshadow, 30色) / yǎnyǐng (sānshí sè)

- 나이, 피부색, 얼굴형에 상관없이 누구에게나 어울리는 컬러로 구성
- 由适合各年龄段、肤色、脸型的颜色组成。

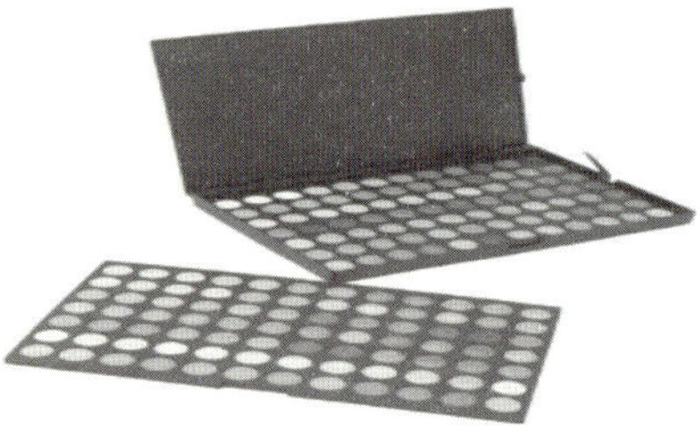

3 라운드 립스틱(15 color) / 唇膏(round lipstick, 15色) / chúngāo (shíwǔ sè)

- 색과 질감의 조화로 최상의 컬러 표현을 위한 립스틱
- 通过色彩与质感的协调，表现出最佳色彩。

4 치크블러셔(볼터치 3 color) /
胭脂(cheek blusher)(腮红, 3色) / yānzhi (sāihóng, sān sè)

5 페이스파우더(3 color) /
擦脸香粉(face powder, 3色) / cāliǎn xiāngfěn (sān sè)

- 피부색을 화사하게 표현해 주며 깨끗하고 맑게 연출 가능
- 可使肤色表现得更加艳丽、干净、透明。

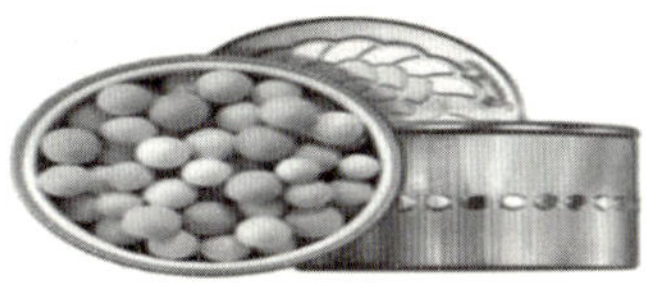

6 소프트화운데이션 4종 /
丝柔粉底(4种) / sīróu fěndǐ (sì zhǒng)

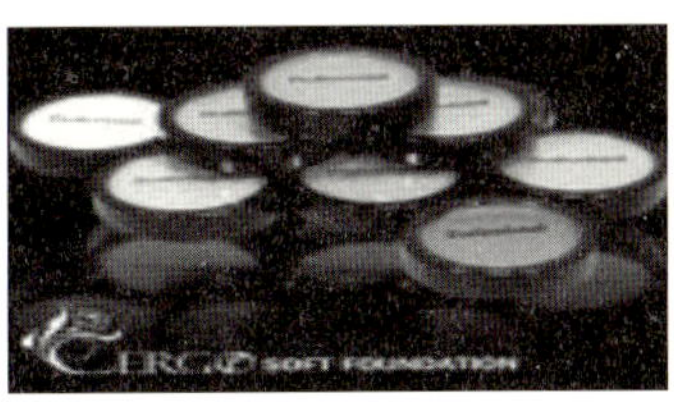

7 아이라이너(블랙) /
眼线膏(eyeliner，黑色) / yǎnxiàngāo (hēisè)

眼线胶

眼线液

8 마스카라(블랙) /
睫毛膏(mascara，黑色) / jiémáogāo (hēisè)

9 립라이너 펜슬(4 color) /
唇线笔(lipliner，4色) / chúnxiànbǐ (sì sè)

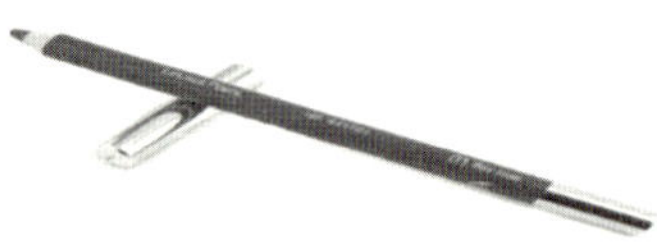

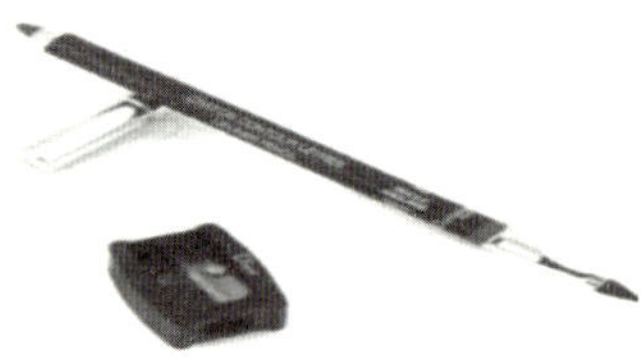

10 아이펜슬(2 color) – 검정/브라운 /
眼线笔(eye pencil, 两色) – 黑色/棕色 /
yǎnxiànbǐ (liǎng sè) – hēisè/zōngsè

11 쉐딩 / 阴影(shading) / yīnyǐng

12 하이라이트 / 高光(highlighter) / gāoguāng

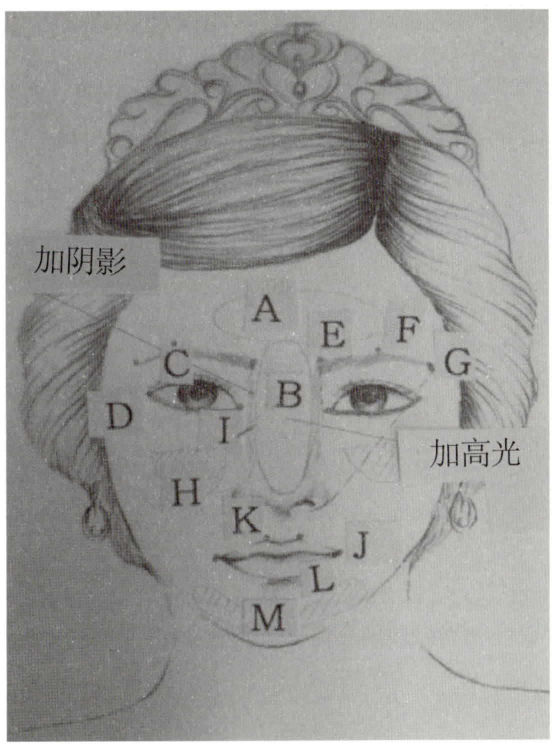

- A: T존 부위 / T字区 / T zì qū

이마에서 콧대에 걸친 T자 모양의 범위를 말한다. 이 부분은 피지분비가 활발하여 메이크업 후에도 쉽게 번질거린다. 기름종이로 닦아낸 후 자주 수정을 해주며 메이크업시에는 하이라이트를 주어 밝게 해 주면 입체감이 살아난다.

指前额到鼻梁的T字形区域。此区域皮脂分泌旺盛，因此化妆后也容易泛油光。此时应使用吸油纸擦净后经常补妆，化妆时应加高光使其更明显，从而表现出立体感。

- B: 콧대 / 鼻梁 / bíliáng

T존 부위 안에 속하는 콧대는 미간에서 콧망울까지의 세로선을 말한다. 이 부위는 하이라이트를 주어 콧대가 높아보이게 할 수 있다.

位于T字区内的鼻梁指的是从眉宇到鼻翘儿的竖线。若在该部位加高光，可使鼻梁显得更加高翘。

- C: 아이홀 / 眼窝 / yǎnwō

눈 위의 눈두덩을 말함. 아이섀도를 전체적으로 펴 바르는 부위다.

指眼上的眼皮。这是全面涂抹眼影的部位。

- D: 눈꼬리 / 眼梢 / yǎnshāo

눈의 바깥 부분으로 아주 민감하며 잔주름이 생기기 쉬운 곳이다. 따라서 항상 아이케어에 신경을 써 준다. 또한 아이섀도나 아이라인을 그릴 때 음영에 따라 인상이 매우 달라질 수 있으므로 그 점을 염두에 두고 메이크업을 한다.

指眼角部分，该部位很敏感，容易产生鱼尾纹。因此要经常护理。同时，涂眼影或画眼线时，表情会因阴影轮廓而截然不同，因此化妆时要注意这一点。

- E: 눈썹머리 / 眉头 / méitóu

눈썹의 안쪽 부분. 눈의 표정을 결정하는 중요한 포인트가 된다. 눈썹머리는 눈머리와 동일한 선상에 오는 것이 기본이다.

指眉毛的内侧。此部位是决定眼睛表情的重要核心。眉头与内眼角要处于同一线上。

- F: 눈썹산 / 眉峰 / méifēng

눈썹의 가장 높은 위치로 얼굴의 입체감을 조절할 수 있는 곳이다. 눈썹산은 눈썹을 3등분 했을 때 뒤쪽 1/3 부분의 처음 부분이 된다. 이곳은 각도나 높이에 따라서 표정이 많이 달라보인다.

指眉毛最高的位置，是可以调节脸部立体感的部位。如果将眉毛三等分，眉峰位于后三分之一的起始部分。在此处，根据角度和高度表情会呈现出各种变化。

- G: 눈썹꼬리 / 眉尾 / méiwěi

눈썹의 바깥 부분. 콧방울의 옆과 눈꼬리를 연결한 연장선상에 위치하는 것이 가장 이상적이다. 꼬리 끝부분은 가늘게 그린다.

指眉毛的外围部分。眉尾最为理想的位置位于鼻翘儿侧面和眼角连接线的延长线上。眉尖部分要画得纤细。

- H: 광대뼈 / 颧骨 / quángǔ

볼의 뼈가 높게 튀어나와 있는 반달형 부분. 이 위치는 블러셔를 어떤 각도로 펴 바르는가에 따라 인상이 달라보인다.

指脸上的骨骼高凸出来的半月形部分。在此位置上，根据涂抹胭脂的角度，会呈现出不同的表情。

• I: 코벽 / 鼻背 / bíbèi

콧대의 양 옆면을 말한다. 눈썹 머리부터 이 부분에 쉐딩을 주면 하이라이트를 준 콧대와 더불어 더욱 입체감있게 서 보인다.

指鼻梁的两侧面。从眉头到鼻背加阴影，与加高光的鼻梁相协调，可以呈现出更加生动的立体感。

• J: 구각 / 嘴角 / zuǐjiǎo

윗입술과 아랫입술이 만나는 양끝 부분.

指上嘴唇和下嘴唇连接的两侧部位。

• K: 입술산 / 唇峰 / chúnfēng

윗입술 중앙의 패인 부분. 이 부분을 어떻게 그리느냐에 따라 다른 이미지를 줄 수 있다.

指上嘴唇中央凹进去的部分。根据唇峰的画法，可演绎出不同的形象。

• L: 입술선 / 唇线 / chúnxiàn

말그대로 입술 윤곽을 말한다. 입술선은 파운데이션으로 지우고 원하는 모양으로 윤곽을 그려서 립스틱을 칠할 수 있다. 하지만 입술선과 지나치게 다른 윤곽을 그리면 자칫 어색해 보일 수 있다.

顾名思义，唇线指的是嘴唇的轮廓线。唇线可先用粉擦掉，再描绘喜欢的轮廓，然后涂上唇膏。但是，如果唇线太离谱，弄不好会显得很不协调。

• M: U(V)존 / U(V)字区 / U(V)zì qū

입꼬리 부분부터 주변 턱을 잇는 U자 모양의 부위를 말한다. 건조한 부위이므로 파운데이션을 두껍게 바르면 들뜨기 쉽다.

指的是从嘴角到连接下巴的U字形部位。因为该部位比较干燥，所以如果涂粉涂得很厚，粉很容易浮起来。

제2장

고객이 메이크업을 받으러 메이크업실을 방문했을 때의 대화

顾客来美容店化妆时的会话

Gùkè lái měiróngdiàn huàzhuāng shí de huìhuà

매니저	어서 오세요, 예약은 하셨습니까?
经理	欢迎光临，您预约了吗?
jīnglǐ	Huānyíng guānglín, nín yùyuē le ma?

고객	아뇨, 급하게 오늘 메이크업을 받으려고요.
顾客	没有，今天急着要化妆。
gùkè	Méiyǒu, jīntiān jízhe yào huàzhuāng.

매니저	네, 그럼 잠시만 기다리세요. 예약이 빈 시간을 알아보겠습니다.
经理	好，那么请稍等。要确认一下有没有空余时间。
jīnglǐ	Hǎo, nàme qǐng shāo děng. Yào quèrèn yíxià yǒuméiyou kòngyú shíjiān.

고객	예.
顾客	好的。
gùkè	Hǎo de.

매니저	고객님! 30분 후에 가능할 것 같군요. 어떠한 분위기를 원하세요?
经理	顾客！三十分钟后可以做。想做哪种风格的?
jīnglǐ	Gùkè! Sānshí fēnzhōng hòu kěyǐ zuò. Xiǎng zuò nǎ zhǒng fēnggé de?

고객	예, 변신을 하고 싶어요! 항상 제 얼굴에 불만을 가지고 있습니다. 가능한 어색하지 않고 세련되게 할 수 없나요?
顾客	我想来个大变身！我总是对自己的脸不满。 能不能做得既不别扭又感觉时尚呢?
gùkè	Wǒ xiǎng lái gè dà biànshēn! Wǒ zǒngshì duì zìjǐ de liǎn bùmǎn. Néngbunéng zuòde jì bú bièniu yòu gǎnjué shíshàng ne?

매니저	예, 고객님 최선을 다해 고개님의 얼굴에 어울리게 세련된 메이크업을 해 드리겠습니다. 입으실 의상이 어떠한 종류이고 색상은 어떠한 색입니까?
经理	好的，顾客。我会全力以赴为您做适合您脸型的时尚化妆。您要穿什么衣服？什么颜色的？
jīnglǐ	Hǎo de, gùkè. Wǒ huì quán lì yǐ fù wèi nín zuò shìhé nín liǎnxíng de shíshàng huàzhuāng. Nín yào chuān shénme yīfu? Shénme yánsè de?

고객	예, 정장에 보라색과 흰색이 가미된 의상입니다.
顾客	我要穿正装，是淡紫色加白色的衣服。
gùkè	Wǒ yào chuān zhèngzhuāng, shì dàn zǐsè jiā báisè de yīfu.

매니저	예, 알겠습니다. 제가 한번 변신시켜 드리겠습니다.
经理	好，知道了。我包您焕然一新。
jīnglǐ	Hǎo, zhīdao le. Wǒ bāo nín huàn rán yì xīn.

잠시 후~~

稍后~~

Shāo hòu~~

매니저	메이크업이 완성되었습니다. 너무 잘 어울리시는데 고객님은 어떠세요?
经理	化妆完成了。我看很适合您，您感觉如何？
jīnglǐ	Huàzhuāng wánchéng le. Wǒ kàn hěn shìhé nín, nín gǎnjué rúhé?

고객	네, 감사합니다. 만족합니다. 저도 변신이 가능하군요. 하하하. 비용은 어디에서 계산합니까?
顾客	好，谢谢，很满意。真是截然不同了，哈哈。在哪里付款？
gùkè	Hǎo, xièxie, hěn mǎnyì. Zhēnshi jiérán bùtóng le, hāhā. Zài nǎlǐ fùkuǎn?

매니저	네, 저쪽 카운터에서 계산하시면 됩니다.
经理	请到那边的前台付款。
jīnglǐ	Qǐng dào nàbiān de qiántái fùkuǎn.

고객	예, 다음에 예약하고 들리겠습니다.
顾客	好的，下次来之前我会事先预约的。
gùkè	Hǎo de, xiàcì lái zhīqián wǒ huì shìxiān yùyuē de.

단어 교체 연습
单词替换练习 Dāncí tìhuàn liànxí

01

고객님! 30분 후에 가능할 것 같군요.

顾客! 三十分钟后可以做。

Gùkè! Sānshí fēnzhōng hòu kěyǐ zuò.

조금 있으면	等一会儿	děng yíhuìr
한참 후에	过一段时间后	guò yíduàn shíjiān hòu
2시간 후에	两个小时后	liǎng ge xiǎoshí hòu
1시간 후에	一个小时后	yí ge xiǎoshí hòu
10분 후에	十分钟后	shí fēnzhōng hòu
40분 후에	四十分钟后	sìshí fēnzhōng hòu

02

아뇨, 급하게 오늘 메이크업을 받을려고요.

没有，今天急着要化妆。

Méiyǒu, jīntiān jízhe yào huàzhuāng.

헤어 손질	修发	xiūfà
피부관리	皮肤管理	pífū guǎnlǐ
네일아트	美甲	měijiǎ

03

예, 정장에 보라색과 흰색이 가미된 의상입니다.

是正装，淡紫色加白色的衣服。

Shì zhèngzhuāng, dàn zǐsè jiā báisè de yīfu.

한복	韩服	Hánfú
드레스	礼服裙	lǐfúqún
평상복	日常装	rìchángzhuāng

화려한 색	华丽颜色	huálì yánsè
수수한 색	普通颜色	pǔtōng yánsè
단색	单色	dānsè
여러 색	混合色	hùnhésè

제3부

피부관리실

皮肤管理室

Pífū guǎnlǐshì

제1장

피부관리 용어

皮肤管理用语

Pífū guǎnlǐ yòngyǔ

국가피부미용 자격시험 준비물 구성품목

선택

1. 위생복 (의사 가운)

규격: 흰색
수량: 1벌

1. 위생복 (라운드)

규격: 흰색
수량: 1벌

2. 여성 모델용 (겉가운)

규격: 핑크
수량: 1벌

3. 여성 모델용 (속가운 TC)

규격: 핑크
수량: 1벌

4. 남성모델가운 (T셔츠)

"별도 구매"
규격: 흰색
수량: 1벌

5. 대형타올

규격: 흰색
수량: 2 장

6. 중형 타올

규격: 흰색
수량: 1 장

7. 소형 타올

규격: 흰색
수량: 5장

8. 터번(흰색)

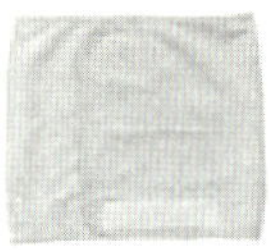

규격: 흰색
수량: 1장

9. 일반솜

탈지면 (1개)

10. 미용솜

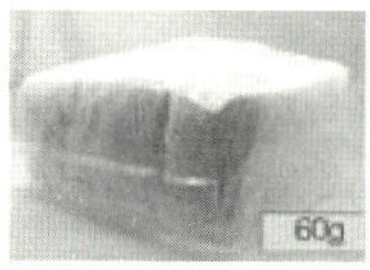

규격: 절단솜(60g)
수량: 1개

11. 알콜+분무기

규격,수량: 필요량
알콜: 60ml

12. 팩붓

규격: 팩, 클린싱용
수량 : 2개

13. 해면 (4장)

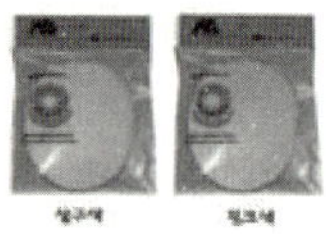

색상: 핑크, 살구색
수량 :4장

14. 스파출라 (석고용)

규격: 석고용
수량 : 1개

15. 스파출라 (화장품용)

규격: 화장품용
수량: 2개

16. 보울 (bowl)

규격: 투명
수량: 3개

17. 가위

규격: 눈썹정리,제모
수량: 1개

18. 족집게

규격: 눈썹정리,제모
수량: 1개

19. 브러쉬

규격: 눈썹정리,제모
수량: 1개

韩国皮肤美容资格考试准备物品的构成及种类

1	卫生服(医生大褂) / 规格: 白色 / 数量: 一件 卫生服(圆领) / 规格: 白色 / 数量: 一件	二选一
2	女模特外套 / 规格: 粉红色 / 数量: 一件	
3	女模特内衫TC / 规格: 粉红色 / 数量: 一件	
4	男模特用外套(T恤衫) / "单独购买" / 规格: 白色 / 数量: 一件	
5	大号毛巾 / 规格: 白色 / 数量: 两条	
6	中号毛巾 / 规格: 白色 / 数量: 一条	
7	小号毛巾 / 规格: 白色 / 数量: 五条	
8	头巾(turban) / 规格: 白色 / 数量: 一条	
9	一般棉 / 脱脂棉(一包)	
10	美容棉 / 规格: 切段棉(60g) / 数量: 一包	
11	酒精+喷雾器 / 规格、数量: 所需量 / 酒精: 60ml	
12	面膜刷 / 规格: 面膜、洁面用 / 数量: 两把	
13	海绵 / 颜色: 粉红色、杏色 / 数量: 四块	
14	抹刀(spatula) / 规格: 石膏用 / 数量: 一把	
15	抹刀(spatula) / 规格: 化妆品用 / 数量: 两把	
16	碗盆(bowl) / 规格: 透明 / 数量: 三个	
17	剪刀 / 规格: 眉毛整理、除毛 / 数量: 一把	
18	眉镊 / 规格: 眉毛整理、除毛 / 数量: 一支	
19	刷子 / 规格: 眉毛整理、除毛 / 数量: 一把	

20. 거즈 (30매)

규격: 팩용
수량: 30매

21. 아이패드

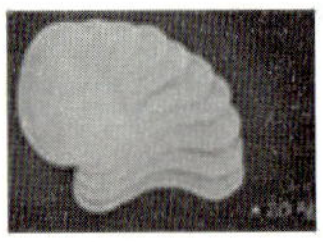

규격: 팩용
수량: 20장 (부직포)

22. 보관 (컵형)

규격: 프리스틱 (투명)
수량: 2개

23. 정리대
(3단 웨곤)

"옵션선택"
규격: 프리스틱
수량: 1개

24. 보관통

규격: 뚜껑 달린통
수량: 2개

25. 대야

규격: 소형
수량: 1개

26. 바구니

규격: 정리용
수량: 2개

27. 마스크

규격: 흰색
수량: 1장

28. 슬리퍼
(모델용)

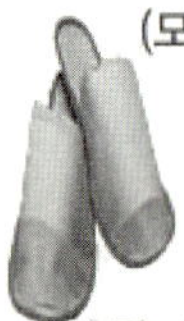

수량: 1켤레

29. 휴지통

부직포 1개

30. 면봉

약 70개

31. 종이컵

수량: 2개

32. 부직포

규격: 제모용
(7*20 cm)
수량 :10개

33. 나무 스파츌라

규격: 제모용
수량 :5개

34. 장갑(라텍스)

규격: 제모용
수량 : 1컬레

35. 네리아바디 앤
탈컴파우더

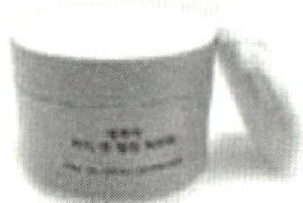

규격: 50 g
수량: 1개

36. AHA (5%)
(30ML)

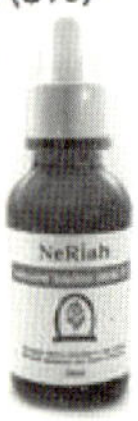

규격:
액체형
수량:1개

37. 스크럽제
(100 g)

규격:
딥클린징용
수량: 1개

38. 팩 –100 g
(비타발란스 팩)

규격:
크림타입
수량: 1개

39. 팩–100 g
(피토콜라겐 팩)

규격:
크림타입
수량: 1개

20 纱布(gauze) / 规格: 面膜用 / 数量: 三十片

21 眼垫(eye pad) / 规格: 面膜用 / 数量: 二十片(无纺布)

22 保管(杯形) / 规格: 塑料(透明) / 数量: 两个

23 整理台(带轮三层置物架) / "选项" / 规格: 塑料 / 数量: 一个

24 保管筒 / 规格: 带盖的筒 / 数量: 两个

25 脸盆 / 规格: 小型 / 数量: 一个

26 篮子 / 规格: 整理用 / 数量: 两个

27 口罩 / 规格: 白色 / 数量: 一个

28 拖鞋(模特用) / 数量: 一双

29 垃圾袋 / 无纺布: 一个

30 棉棒 / 约七十个

31 纸杯 / 数量: 两个

32 无纺布 / 规格: 除毛用(7*20cm) / 数量: 十片

33 木制抹刀 / 规格: 除毛用 / 数量: 五把

34 手套(橡胶) / 规格: 除毛用 / 数量: 一双

35 爽身粉 / 规格: 50g / 数量: 一盒

36 AHA(5%)(30ml) / 规格: 液状 / 数量: 一瓶

37 磨砂膏(scrub)(100g) / 规格: 卸妆用(deep cleansing) / 数量: 一支

38 面膜100g(维生素平衡面膜) / 规格: 乳剂型 / 数量: 一支

39 面膜100g(植物原胶面膜) / 规格: 乳剂型 / 数量: 一支

40. 팩-100 g
(아로마내추럴팩)

규격:
크림타입
수량: 1개

41. 고마쥐-100 g

규격:
딥클린지용
수량: 1개

42 맛사지크림

(450g)
규격: 모든 피부용
수량: 1개

43. 효소필링
(100 g)

수량: 1개

44. 스킨토너
(250ml 모든피부용)

수량: 1 개

45. 오일(Body)
(250ml)

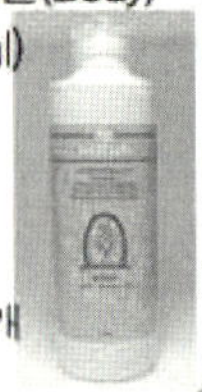

수량: 1개

46. 진정젤
(250ml)

수량: 1개

47. 영양크림
(200 g)

수량: 1개

48. 메이크업
리무버(250ml)

규격;모든피부용
수량: 1개

49. 클린징
(250ml)

규격:모든피부용
수량: 1개

50. 아이크림
(30g)

규격: 모든피부
수량: 1개

51. 쟁반

규격: 소형(습포용)
수량: 1개

52. 눈썹칼

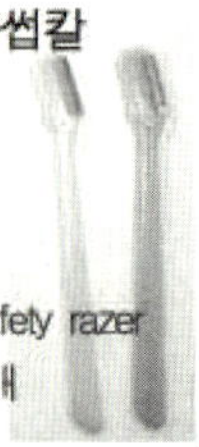

규격: safety razer
수량: 1개

40 面膜100g(天然芳香面膜) / 规格: 乳剂型 / 数量: 一支

41 磨砂膏(100g) / 规格: 卸妆用 / 数量: 一支

42 按摩膏(450g) / 规格: 各种皮肤用 / 数量: 一盒

43 酵素去角质凝胶(100g) / 数量: 一盒

44 柔肤水(250ml, 各种皮肤用) / 数量: 一瓶

45 润肤油(250ml) / 数量: 一瓶

46 镇定胶(250ml) / 数量: 一瓶

47 营养霜(200g) / 数量: 一支

48 卸妆(250ml) / 规格: 各种皮肤用 / 数量: 一瓶

49 洁面乳(250ml) / 规格: 各种皮肤用 / 数量: 一瓶

50 眼霜(30g) / 规格: 各种皮肤用 / 数量: 一盒

51 盘子 / 规格: 小号(湿布用) / 数量: 一支

52 修眉刀 / 规格: safety razer / 数量: 一把

001

확대경	放大镜	fàngdàjìng

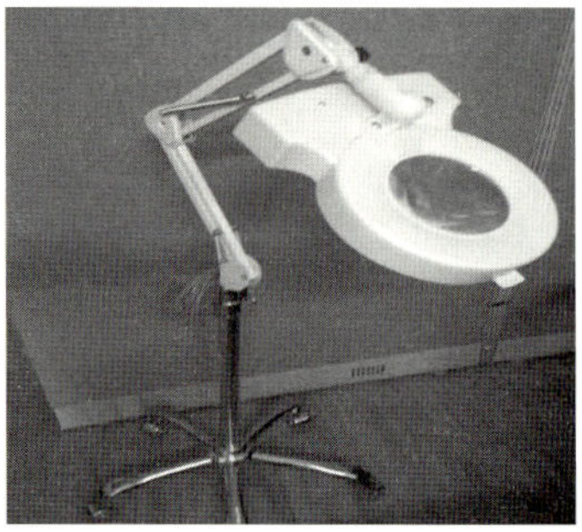

002

우드 램프	紫外线照射灯	zǐwàixiàn zhàoshèdēng

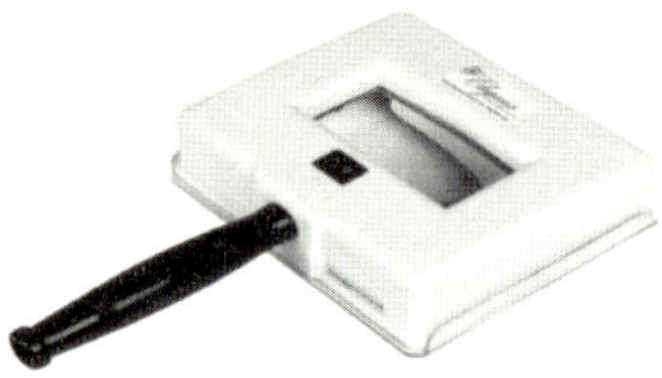

003

피부 pH 측정기	皮肤酸碱度检测仪	pífū suānjiǎndù jiǎncèyí

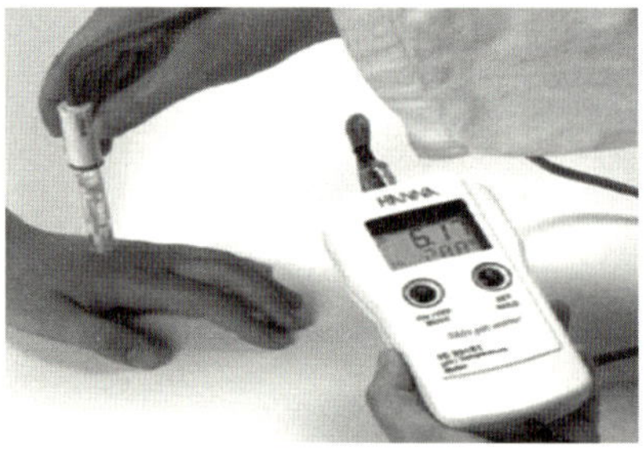

004

전동 브러시(프리마톨)	电动刷(frimator)	diàndòngshuā

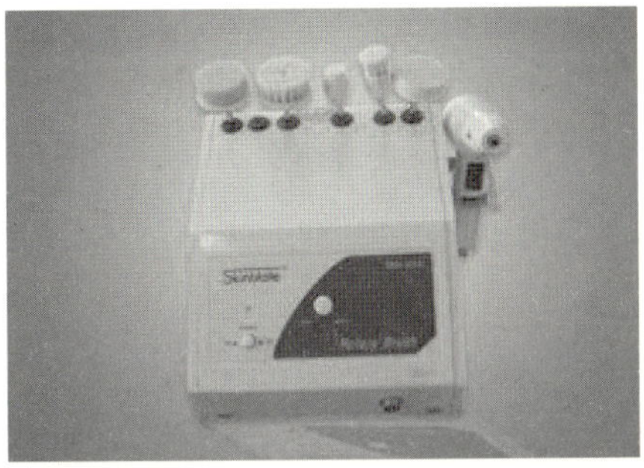

005

컬러테라피 기기	彩色治疗仪	cǎisè zhìliáoyí

006

스티머 (=베이퍼라이저)	蒸汽喷雾机 (Steamer=Vaporizer)	zhēngqì pēnwùjī

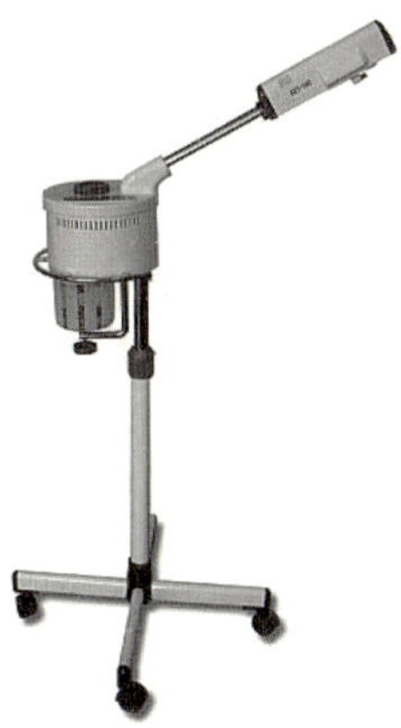

007

프레셔테라피 压迫疗法 yāpò liáofǎ

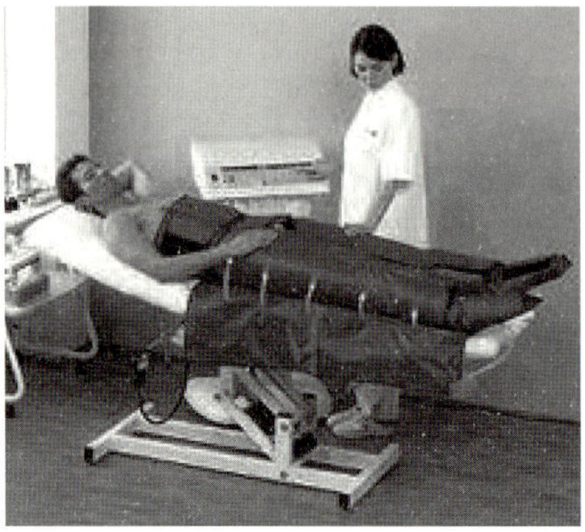

008

저주파 기기 低频仪 dīpínyí

009

중주파 기기 中频仪 zhōngpínyí

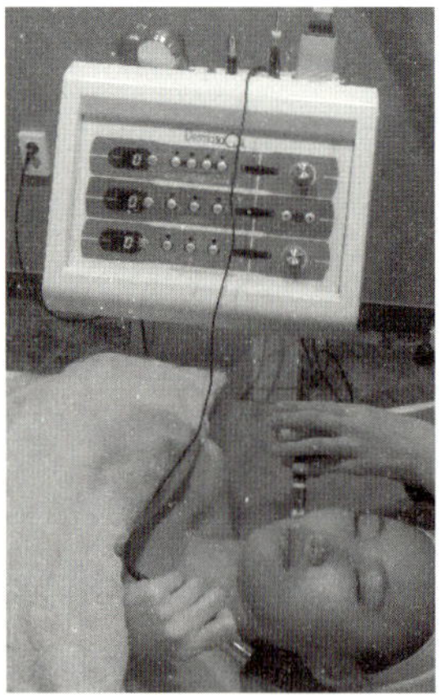

010

온장고	温藏库	wēncángkù

011

자외선 소독기	紫外线消毒柜	zǐwàixiàn xiāodúguì

제2장

고객이 피부관리를 받으러 피부관리실에 방문했을 때의 대화

顾客来管理室接受皮肤管理时的会话

Gùkè lái guǎnlǐshì jiēshòu pífū guǎnlǐ shí de huìhuà

관리사	어서 오세요. 예약은 하셨습니까?
管理师	欢迎光临。您预约了吗?
guǎnlǐshī	Huānyíng guānglín. Nín yùyuē le ma?

고객	아니오, 처음 방문하였습니다. 얼굴관리를 받고 싶어서요? 어떻게 해야 하는지 몰라서요.
顾客	没有,我是第一次来。我想接受脸部管理,不知怎么做好。
gùkè	Méiyǒu, wǒ shì dì-yī cì lái. Wǒ xiǎng jiēshòu liǎnbù guǎnlǐ, bù zhī zěnme zuò hǎo.

관리사	고객카드를 먼저 작성해 주세요. 먼저 모든 관리는 1회 관리와 티켓 관리가 있습니다. 꾸준히 그 상태를 유지하고 싶으면 티켓 관리를 하시는 것이 바람직합니다. 물론 1회를 먼저 받아 보시고 티켓 관리로 전환하셔도 됩니다. 비용은 가격표에 명시되어 있습니다.
管理师	请先填写顾客卡。 首先,管理的种类有两种,分为一次性管理和会员制管理。 如果想持续保持皮肤状态,最好是做会员制管理。 当然,先接受一次性管理后,再转换成会员制管理也可以。 费用请参考价格表。
guǎnlǐshī	Qǐng xiān tiánxiě gùkèkǎ. Shǒuxiān, guǎnlǐ de zhǒnglèi yǒu liǎng zhǒng, fēn wéi yícìxìng guǎnlǐ hé huìyuánzhì guǎnlǐ. Rúguǒ xiǎng chíxù bǎochí pífū zhuàngtài, zuìhǎo shì zuò huìyuánzhì guǎnlǐ. Dāngrán, xiān jiēshòu yícìxìng guǎnlǐ hòu, zài zhuǎnhuànchéng huìyuánzhì guǎnlǐ yě kěyǐ. Fèiyòng qǐng cānkǎo jiàgébiǎo.

고객	그렇군요. 그럼 한번 관리를 받아 보고 결정하겠습니다.
顾客	原来如此。那么先做一次性管理后，我再做决定。
gùkè	Yuánlái rúcǐ. Nàme xiān zuò yícìxìng guǎnlǐ hòu, wǒ zài zuò juédìng.

관리사	네, 탈의실에서 편안한 가운으로 갈아 입으시고 베드에 누워 주세요.
管理师	好的，请到更衣室换成舒服的内衫后躺在床上。
guǎnlǐshī	Hǎo de, qǐng dào gēngyīshì huànchéng shūfu de nèishān hòu tǎngzài chuángshang.

고객	예, 잘 알겠습니다.
顾客	好，知道了。
gùkè	Hǎo, zhīdao le.

관리사	도움이 필요하시면 언제든지 말씀해 주세요.
管理师	如果需要帮助，请随时说。
guǎnlǐshī	Rúguǒ xūyào bāngzhù, qǐng suíshí shuō.

잠시후~~
稍后~~
Shāo hòu~~

관리사	고객카드에 보니 알레르기가 있으신데 혹 다른 질병은 없으신지요?
管理师	从顾客卡上看，您有过敏症，请问还有别的疾病吗?
guǎnlǐshī	Cóng gùkèkǎshang kàn, nín yǒu guòmǐnzhèng, qǐngwèn háiyǒu biéde jíbìng ma?

고객	고객카드에 기록된 것 외에는 없습니다.
顾客	除了顾客卡上的内容外，没有。
gùkè	Chúle gùkèkǎshang de nèiróng wài, méiyǒu.

관리사	잘 알겠습니다. 그럼 카드를 기본으로 하여 관리를 하도록 하겠습니다.
管理师	好，知道了。那就根据顾客卡的内容进行管理了。
guǎnlǐshī	Hǎo, zhīdao le. Nà jiù gēnjù gùkèkǎ de nèiróng jìnxíng guǎnlǐ le.

고객	지금은 무엇을 하는 것인가요?
顾客	现在做什么呢?
gùkè	Xiànzài zuò shénme ne?

관리사	예, 지금은 클렌징 후에 딥클렌징을 하고 있습니다. 그 후엔 우드 램프로 피부의 상황을 관찰할 것입니다.
管理师	先洗脸后，再做深层清洁。 然后用紫外线照射灯观察皮肤状态。
guǎnlǐshī	Xiān xǐliǎn hòu, zài zuò shēncéng qīngjié. Ránhòu yòng zǐwàixiàn zhàoshèdēng guānchá pífū zhuàngtài.

고객	그렇군요.
顾客	是这样。
gùkè	Shì zhèyàng.

관리사	고객님은 악건성의 피부로 확인됩니다. 또한 티존 부위는 약간의 지성 피부입니다. 관리 후에는 많이 개선될 것입니다.
管理师	顾客的皮肤确认为极干性皮肤。 还有，T字区是轻微的油性皮肤。 接受管理后会有很大的好转。
guǎnlǐshī	Gùkè de pífū quèrèn wéi jí gānxìng pífū. Hái yǒu, T zì qū shì qīngwēi de yóuxìng pífū. Jiēshòu guǎnlǐ hòu huì yǒu hěn dà de hǎozhuǎn.

고객	정말요?
顾客	真的吗?
gùkè	Zhēn de ma?

관리사	예, 그럼 관리를 시작하겠습니다.
管理师	是的，那么现在开始管理了。
guǎnlǐshī	Shì de, nàme xiànzài kāishǐ guǎnlǐ le.

단어 교체 연습
单词替换练习 Dāncí tìhuàn liànxí

01

전신관리를 받고 싶어요.

我想做全身管理。

Wǒ xiǎng zuò quánshēn guǎnlǐ.

얼굴관리	脸部管理	liǎnbù guǎnlǐ
발관리	足部管理	zúbù guǎnlǐ
등관리	背部管理	bèibù guǎnlǐ
비만관리	肥胖管理	féipàng guǎnlǐ

02

고객님 피부는 건성입니다.

顾客，您的皮肤是干性。

Gùkè, nín de pífū shì gānxìng.

지성	油性	yóuxìng
복합성	复合性	fùhéxìng

민감성	敏感性	mǐngǎnxìng
심한(피부타입)	极性(皮肤类型)	jíxìng (pífū lèixíng)
가벼운(피부타입)	轻微的(皮肤类型)	qīngwēi de (pífū lèixíng)
보통	一般	yìbān

03

관리 후에는 많이 개선될 것입니다.

接受管理后，皮肤会大大改善。

Jiēshòu guǎnlǐ hòu, pífū huì dàdà gǎishàn.

수분이 넘치다	充满水分	chōngmǎn shuǐfèn
탄력이 넘치다	充满弹力	chōngmǎn tánlì
윤기가 흐르다	滋润亮丽	zīrùn liànglì

제4부

미용 단어 익히기

了解美容词汇

Liǎojiě měiróng cíhuì

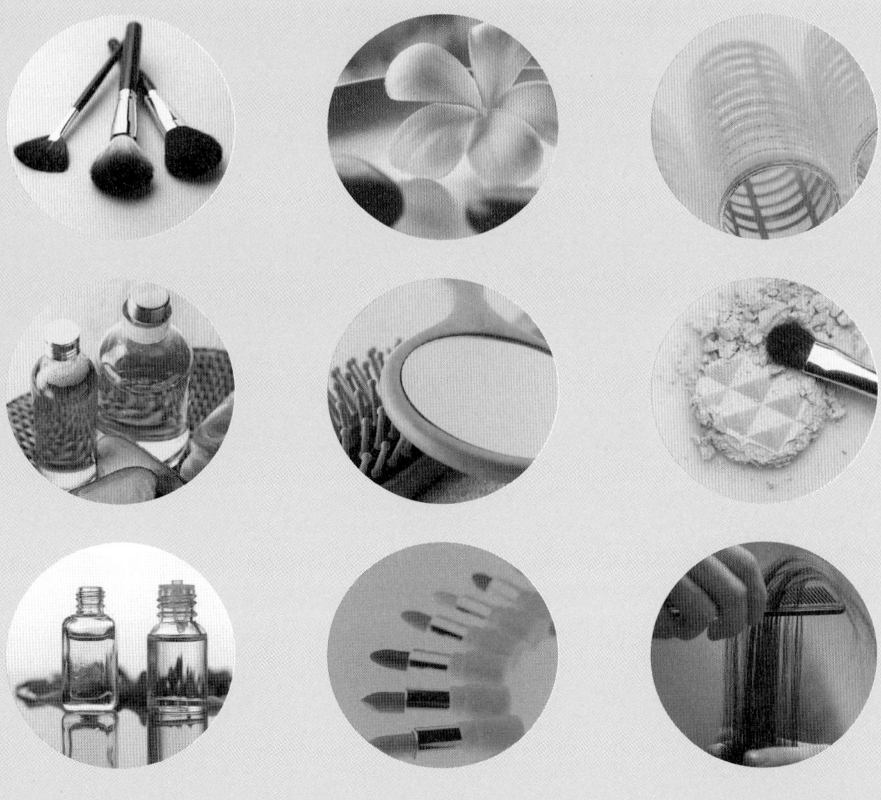

• 헤어샵에서 의미를 몰랐던 단어나 잘못 기억하고 있었던 부분이 있지 않으셨나요?

在美发店，您是否遇到过难懂的词或有过记错的内容？
Zài měifàdiàn, nín shìfǒu yùdaoguo nán dǒng de cí huò yǒuguo jìcuò de nèiróng?

• 알아두면 이로운 헤어기본용어 Tip★ 확실히 체크하시고 꼭 기억해두세요.

学习美发基本用语及要领★ 请认真确认，一定要记住。
Xuéxí měifà jīběn yòngyǔ jí yàolǐng★ Qǐng rènzhēn quèrèn, yídìng yào jìzhu.

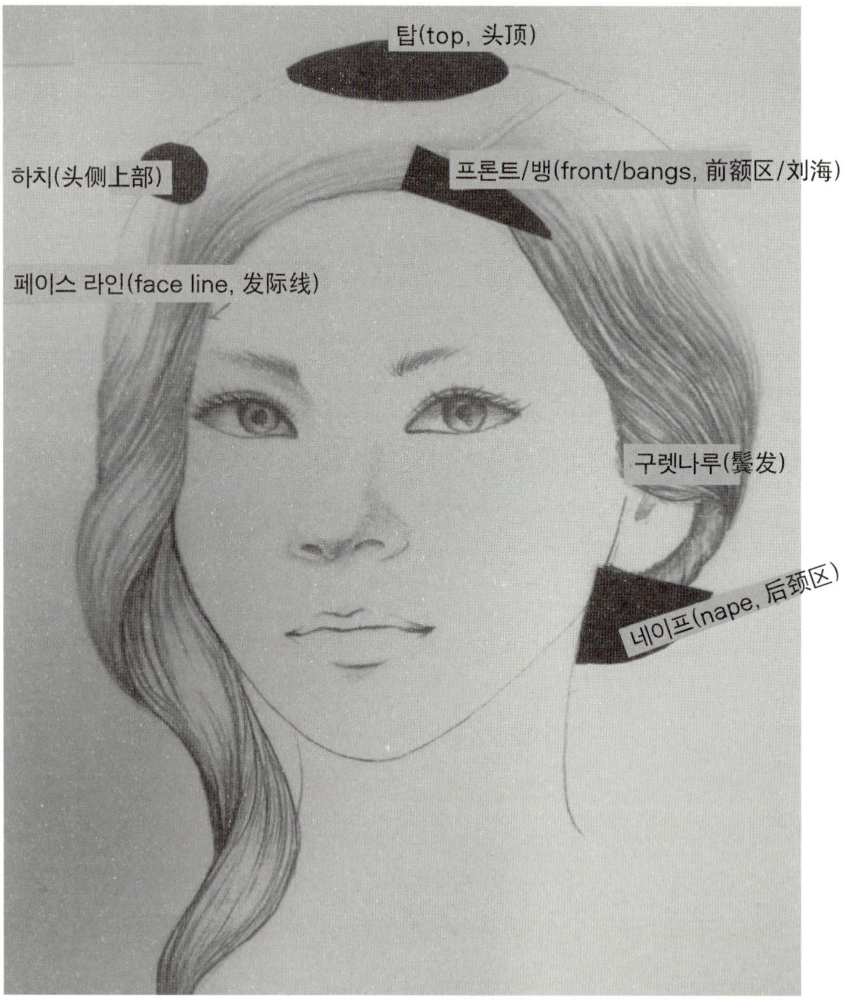

001 ★

프론트/뱅	前额区 / 刘海	qián'é qū / liúhǎi

- 머리의 가장 앞부분으로 보통 앞머리를 말합니다.

头部的最前面部分，一般指前额。

큐트하거나 성숙함, 여성스러움을 나타내는 중요한 포인트이기 때문에 가끔 헤어디자이너와의 커뮤니케이션에서 문제가 있거나 초보 헤어디자이너의 실수로 어마어마한 대형사고가 발생하는 부분이기도 하죠.

这是能够表现可爱或成熟而有女人味儿的重点部位。因此，如果与发型师存在沟通上的问题或新手发型师失误的话，可能造成难以挽回的"大型事故"。

002 ★

페이스 라인	发际线	fàjì xiàn

- 얼굴 주위의 머리카락이 나기 시작한 부분을 말합니다.

脸部周围长出头发的发际部分。

얼굴형이 큰 경우에는 웨이브로 페이스 라인 안쪽으로 방향감을 만들어 얼굴이 작아 보이게 하는 시각적 효과를 낼 수 있는 아주 중요한 부분입니다.

如果脸型大，可以利用头发的波浪，形成朝向发际线内的方向感，使脸部看起来小些，产生有效的视觉效果，因此是非常重要的部分。

003 ★

구렛나루	鬓发	bìnfà

• 귀 앞쪽에 귀를 가리고 있는 부분을 말합니다.

耳朵的前方盖住耳朵的部分。

피부를 따라서 길게 나와 있는 특성상 곱슬거리는 모발이 많아 깔끔한 구렛나루를 위해서는 다운펌이나 울프스타일처럼 구렛나루 윗쪽 부분을 길게 해서 덮어버리는 스타일도 있습니다.

由于鬓发沿着皮肤长出较长的特点，卷毛比较多，因此为体现出干净利落的感觉，可以做down perm或者狼式(wolf style)发型，用长发盖住鬓角的上方。

004 ★

탑	头顶	tóudǐng

• 가마가 있어 모류 방향이 나누어지는 가장 윗부분을 말합니다.

发旋形成发流方向的最顶端。

보통 가장 높은 부분을 의미하지만 돌기의 가마가 있는 부분이 아마 정확할 것 같습니다. 탑 부분에 볼륨감을 만들면 얼굴이 작아 보이는 시각적인 효과가 있으며 가장 높은 곳에 있다는 이유로 외부적인 환경에 지속적으로 노출되고 있기 때문에 우리 인체에서 가장 많은 스트레스를 받고 있는 부분이기도 합니다. 또한 혈액순환에 문제가 있는 경우 영양분의 공급이 원활하지 않아 가장 빨리 탈모가 시작되는 부분이기도 합니다. 가끔 손가락을 이용한 지압으로 탑 부분을 자극해 주면 혈액순환이 촉진되어 기분도 좋아지고 탈모예방에도 도움이 됩니다.

一般情况下，指最高的部分，但是确切地讲，应该是有发旋的部分。如果将发顶部位做成波浪，可以产生脸部变小的视觉效果，但是因为处于最高处，长期暴露于外部环境中，所以也是在人体中最易受到刺激的部位。

此外，如果血液循环出现问题，营养成分的供应会不太顺畅，因此是最早开始脱发的地方。经常用手指进行穴位按摩，刺激头顶部，可以促进血液循环，改善心情，有助于预防脱发。

005 ★

하치	头侧上部	tóucè shàngbù

- 머리에서 가장 튀어나온 부분

头部最为突出的部分

전문적인 단어이기도 하지만 두상의 양쪽에서 가장 튀어나온 부분으로 동양인들에게는 서양인보다 더 튀어나온 경우가 대부분입니다. 하치의 폭이 좁으면 좁을수록 얼굴이 작고 갸름해 보이며 서양인의 두상에 가깝습니다.

既是专业用语，也是指头部两侧最凸出来的部分。一般情况下，东方人比西方人更加凸出。

头侧上部的幅度越窄，脸越小，看起来显瘦，越接近于西方人的头像。

볼륨매직이나 울프스타일, 보브스타일은 탑쪽을 크게 해서 하치 부분을 가리는 방법으로 얼굴이 작고 샤프한 이미지를 연출하는 것입니다.

蓬松离子烫、狼式或波波头是通过扩大头顶部掩盖头侧上部的方法，可以表现出小巧、时尚的脸部形象。

제1장

미용 용어 설명

美容用语说明

Měiróng yòngyǔ shuōmíng

ㄱ

- **강찰법:** 피부에 강한 자극을 주는 회전운동

按抚法 ànfǔfǎ：强烈刺激皮肤的旋转动作。

- **갈색:** 세련된 이미지

褐色 hèsè：打造时尚形象的颜色。

- **결발성 탈모증:** 기계적 자극에 의한 탈모현상

牵引性脱发 qiānyǐnxìng tuōfà：由于机械性刺激引起的脱发现象。

- **결절열모증:** 두발이 세로(길이)방향으로 갈라지는 현상

结节性脆发病 jiéjiéxìng cuìfàbìng：头发纵向分叉的现象。

- **경찰법:** 피부를 가볍고 천천히 리드미컬하게 행하는 연속동작

轻擦法 qīngcāfǎ：对皮肤轻轻、缓慢、有节奏地进行摩擦的连续动作。

- **고타법:** 두드려서 행하는 방법으로 근육의 수축력 증가와 신경 기능을 조절

叩打法 kòudǎfǎ：拍打的方法之一，可以增加肌肉收缩力，调节神经功能。

- **그라데이션 커트:** 상부의 두발이 길고 하부로 갈수록 짧게 커트

渐增层次剪发(gradation cut) jiànzēng céngcì jiǎnfà：
头发从上部到下部逐层变短的剪法。

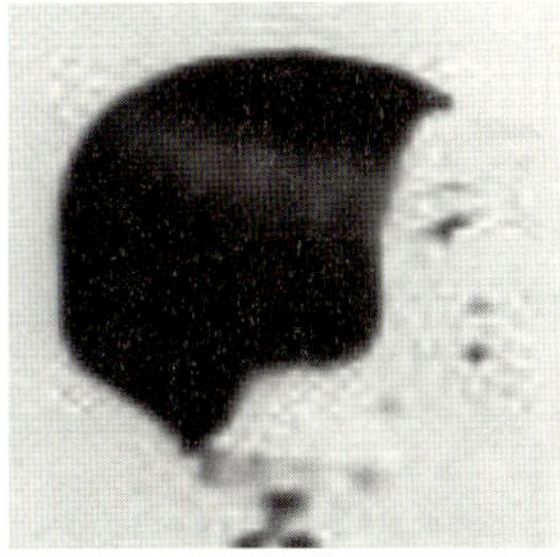

- **그루브:** 아이롱 기기 중 두발을 고정시키는 역할

沟槽(groove) gōucáo：在卷发器(烫发器)中起到固定头发的作用。

ㄴ

- **내로우 웨이브:** 파마 직후 폭이 좁고 지나치게 곱슬곱슬한 웨이브

极小波浪卷(narrow wave) jíxiǎo bōlàngjuǎn：
烫发后，幅度极窄、极卷的波浪卷。

- **네이프:** 목덜미

后颈区(nape) hòujǐngqū：颈背。

- **네일 글루:** 인조손톱을 붙이기 위한 접착제

假指甲胶水(nail glue) jiǎzhǐjia jiāoshuǐ：粘贴人造指甲的粘合剂。

- **네일 니퍼즈:** 손톱을 자르는 가위

指甲剪(nail nippers) zhǐjiajiǎn：修剪指甲的剪刀。

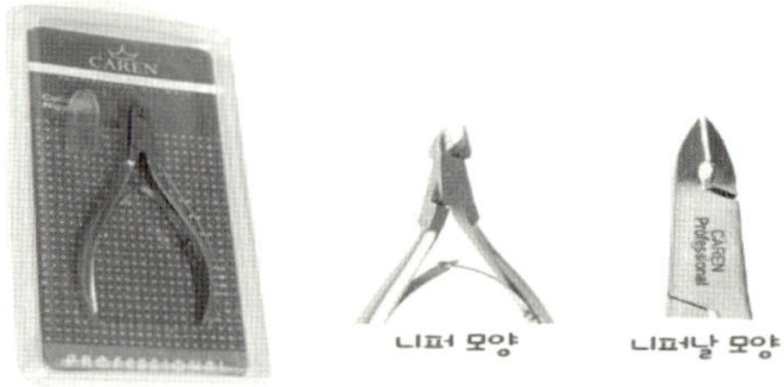

- **네일 버퍼:** 부드러운 가죽으로 만든 문질러 광택을 내는 연마용 도구

抛光锉(nail buffer) pāoguāngcuò：用嫩皮革制作，用于指甲抛光的研磨工具。

- **네일 파일:** 손톱 끝을 부드럽게 모양내기 위해 갈아주는 줄

指甲锉(nail file) zhǐjiacuò：将指甲边磨成柔和形状的锉刀。

- **네일 폴리시:** 손톱에 바른 광택제(네일에나멜, 네일래커)

指甲油(nail polish) zhǐjiayóu：
涂在指甲上的光亮剂(nail enamel, nail lacquer)。

- **노멀 테이퍼:** 스트랜드의 1/2 지점을 폭넓게 테이퍼하는 것

普通削剪(normal taper) pǔtōng xiāojiǎn：大幅度梳剪发束(strand)的1/2处。

- **녹색:** 신선한 이미지

绿色 lǜsè：打造新鲜形象的颜色。

- **논스템:** 컬이 오래 지속되며 움직임이 가장 적다.

无发干(non-stem) wú fàgàn : 卷发持久，变化最小。

- **뉴트러라이저:** 중화제 후 모발을 굳힐 때 일어나는 반응

中和(neutralizer) zhōnghé : 使用中和剂后，固定头发时起的反应。

ㄷ

- **다이애거널 웨이브:** 리지선이 사선으로 연결된 웨이브

斜分卷发(diagonal wave) xiéfēn juǎnfà :
脊线(ridge)以斜线方向连接的波浪卷。

- **덕테일 플러프:** 두발 끝이 오리꼬리 모양으로 위로 가지런히 구부러진 형태

鸭尾头(ducktail fluff) yāwěitóu : 头发尾部像鸭尾般向上整齐卷曲的形态。

- **덜 웨이브:** 리지가 뚜렷하지 않고 느슨한 웨이브

微卷(dull wave) wēijuǎn : 脊线不清晰，松弛的波浪卷。

- **딥 테이퍼:** 스트랜드의 2/3 지점에서 두발의 많은 양을 쳐내는 것

深层削剪(deep taper) shēncéng xiāojiǎn :
在发束(strand)的2/3处，削剪大量头发的技法。

- **라운드 플러프:** 두발 끝이 원형 또는 반원형

圆形发型(round fluff) yuánxíng fàxíng：发梢呈圆形或半圆形。

- **라이트 다이애거널 웨이브:** 두부의 오른쪽만 웨이브

右斜分卷发(right diagonal wave) yòu xiéfēn juǎnfà：
只有头部的右侧有波浪卷。

- **레이어 커트:** 단차 많고 응용범위가 넓은 것으로 상부의 두발이 짧고 하부로 길게 하는 커트

大层次剪法(layer cut) dà céngcì jiǎnfǎ：
该剪法层次多，应用范围广，上部的头发短，下部较长。

- **레프트 다이애거널 웨이브:** 두부의 왼쪽만 웨이브

左斜分卷发(left diagonal wave) zuǒ xiéfēn juǎnfà：
只有头部的左侧有波浪卷。

- **로우 웨이브:** 리지가 낮은 웨이브

低脊波浪卷(low wave) dījǐ bōlàngjuǎn：波脊比较低的波浪卷。

- **롤뱅:** 롤로 형성한 뱅, 롤을 뱅에 적용

卷刘海(roll bang) juǎn liúhǎi：利用发卷形成的刘海，将发卷适用于刘海。

- **롱 스트로크:** 가위와 두발의 각도 45~90도

大角度削剪(long stroke) dàjiǎodù xiāojiǎn：剪刀与发片的角度为45~90度。

- **리버스 롤:** 귓바퀴 반대방향으로 말린 롤

反向卷(reverse roll) fǎnxiàngjuǎn：向耳轮反方向卷曲的发卷。

- **리버스 비기닝:** 웨이브의 방향이 귓바퀴 반대방향

反向开头(reverse beginning) fǎnxiàng kāitóu：
波浪卷的方向为耳轮的反方向。

- **리버스 엔딩:** 양 측변에서 모여진 웨이브의 끝방향이 뒤쪽을 향한 리버스 핀컬이나 리버스 웨이브의 형태로 고정되는 경우

反向收尾(reverse ending) fǎnxiàng shōuwěi：从两侧边会合的波浪卷及其尾部方向朝向后方，固定为反向手指卷发(pin curl)或反向卷形态的情况。

- **리세트:** 끝맺음 할 때 다시 세트하는 것으로 콤아웃과 브러시아웃이 있다.

重调(reset) chóngtiáo：
收尾时重新调整的方法，包括梳理(comb out)和刷理(brush out)。

- **리지 컬:** 핑거 웨이브의 리지 뒤에 플래트 컬을 이은 것

脊卷(ridge curl) jǐjuǎn：
在手指波浪卷(finger wave)的脊线后连接平卷(flat curl)的形状。

[출처] 핑거 웨이브(finger wave) | 작성자 fmtjsow
[摘自] 手指波浪卷(finger wave) | 作者 fmtjsow

- **리프트 컬:** 두피면에 45도 경사로 비스듬하게 말린 컬

抬高卷(lift curl) táigāojuǎn：在头皮面以45度倾斜角度卷曲的发卷。

ㅁ

- **마셀 웨이브:** 마셀 아이론 열에 의해 형성

波形卷发(marcel wave) bōxíng juǎnfà：依靠卷发棒的热形成的波浪卷。

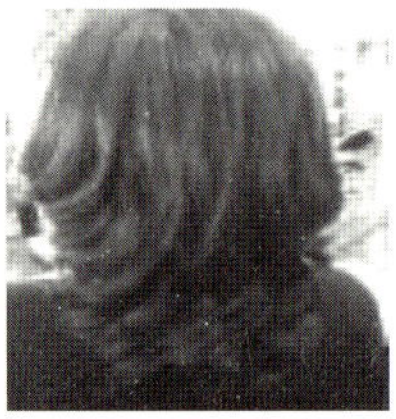

- **머신 웨이브:** 콜드 웨이브가 보급되기 전 우리나라에서 많이 사용

电烫或蒸汽烫(machine wave) diàntàng huò zhēngqìtàng：
冷烫(cold wave)普及前，在韩国被广泛使用。

- **모간:** 피부표면에 나와 있는 부분

毛干 máogàn：暴露在皮肤表面的部分。

- **모공:** 모표의 피부표면으로 열린 곳

毛孔 máokǒng：皮肤表面长出毛发的开口。

- **모구:** 모근이 아래쪽 끝에 플러그 모양으로 나와 있는 부분

毛球 máoqiú：毛根的下端像插头般露出来的部分。

- **모근:** 피부 내부에 있는 부분

毛根 máogēn：位于皮肤内部的部分。

- **모모:** 모유두에 접하는 부분으로 세포의 분열증식이 왕성(멜라닌 색소세포)

毛母 máomǔ：连接在毛乳头的部分，细胞的分裂、增殖旺盛(黑色素细胞)。

- **모수질:** 수질세포, 미세한 과립모양

毛髓质 máosuǐzhì：髓质细胞，呈细微颗粒状。

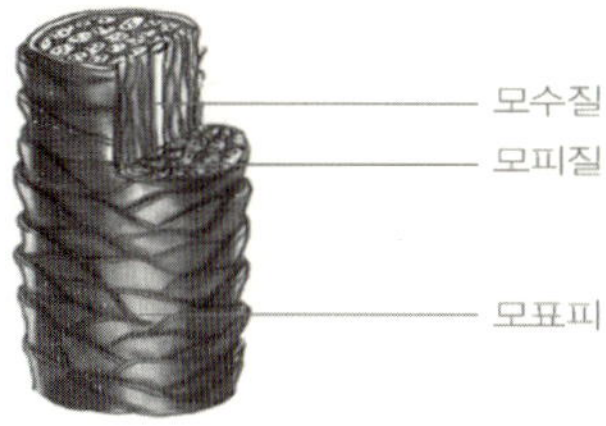

- **모포:** 모근이 바깥쪽을 칼집같이 싸고 있는 조직

毛囊 máonáng：毛根将外部裹得像刀鞘般的组织。

- **모표피:** 비늘이나 기와 같은 중첩된 각질세포로 구성

结节性脆发症 jiéjiéxìng cuìfàzhèng：头发向纵向分裂的现象。

- **모피질:** 털의 중요한 부분(멜라닌, 기포 함유)

毛皮质 máopízhì：毛的重要部分(包含黑色素、气泡)。

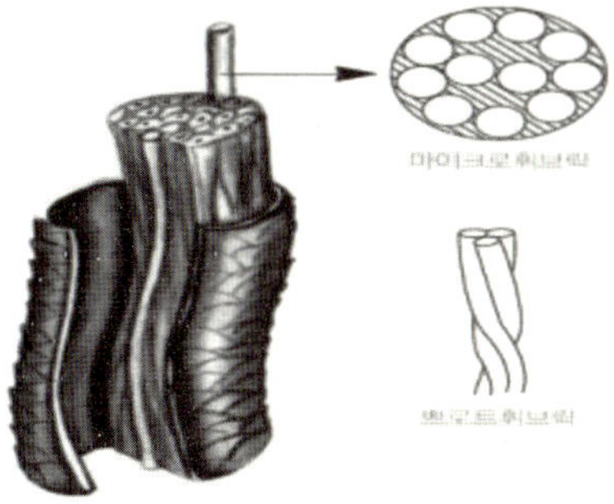

- **미디움 스트로크:** 두발의 각도 10~45도

中角度削剪(medium stroke) zhōng jiǎodù xiāojiǎn :
剪刀与头片的角度为10~45度。

ㅂ

- **백:** 후두부

后头(back) hòutóu：头的后部。

- **백 코밍:** 빗을 스트랜드의 뒷면에 직각으로 넣고 모근을 향해 빗을 내리 누르듯이 빗질하여 머리털을 세우는 것

逆梳(back combing) nìshū：
把梳子以直角插入发束(strand)的后面，向毛根压滑梳理，竖起毛发的方法。

- **버진 헤어:** 처음으로 블리치시술을 행하는 두발

处女发(virgin hair) chǔnǚfà：第一次接受脱色(bleach)处理的头发。

- **버티컬 웨이브:** 리지선이 수직으로 연결된 웨이브

竖卷(vertical wave) shùjuǎn：脊线竖直连接的波浪卷。

- **베이스 코트:** 에나멜을 바르기 전에 바르는 액

底油(base coat) dǐyóu：涂指甲油前涂抹的液体。

- **보라색:** 성숙한 이미지

淡紫色 dàn zǐsè：表现成熟形象的颜色。

- **분진:** 연소시 발생하는 유리탄소가 응결하여 입자의 지름이 1미크론 이상이 되는 입자

粉尘 fěnchén：燃烧时产生的玻璃碳素凝结后直径呈1微米以上的粒子。

- **블런트 커팅:** 직선적으로 뭉툭하게 커트 하는 방법

齐剪法(blunt cutting) qíjiǎnfǎ：按照直线齐剪的方法。

- **블로킹:** 두발을 필요한 크기대로 구분하는 것

大分区(blocking) dà fēnqū：根据需要，将头发分成区块儿。

- **비강성 탈모증:** 비듬이 원인이 되어 나타나는 탈모현상

秕糠性脱发 bǐkāngxìng tuōfà：头皮屑造成的脱发现象。

- **비기닝:** 전체적인 웨이브 흐름

波浪卷方向(beginning) bōlàngjuǎn fāngxiàng：整体的波浪流向。

- **비팅:** 살짝 주먹쥔 상태로 두드리는 방법

拍打(beating) pāidǎ：轻握空拳后拍打的方法。

ㅅ

- **사이드:** 두부의 양 측면

侧面(side) cèmiàn：头部的两侧。

- **사모:** 부인들의 머리카락에 모래알처럼 생기는 질환

毛结节菌病(piedra) máo jiéjiéjūn bìng：妇女头发上形成砂状毛结节的疾病。

- **섹션:** 블로킹해서 크게 구분된 부분

分区(section) fēnqū：大分区后再进行区分的部分。

- **새도우 웨이브:** 가장 느슨한 웨이브로 크레스트와 리지가 거의 없음

微卷(shadow wave) wēijuǎn：
最为松散的波浪卷，波峰(crest)和脊线(ridge)几乎不存在。

- **솔루션:** 파마를 시술할 때 머리칼에 바른 냄새가 강한 액체 (1액)

烫发水(solution) tàngfàshuǐ：
烫发时涂在头发上的气味浓重的液体(第一剂)。

- **숏 스트로크:** 두발의 각도 0~10도

小角度削剪(short stroke) xiǎo jiǎodù xiāojiǎn：剪刀与头片的角度为0~10度。

- **스월 웨이브 :** 물결이 소용돌이치는 것과 같은 웨이브

螺旋卷(swirl wave) luóxuánjuǎn：涡流般打漩的波浪卷。

- **스위치:** 땋거나 늘어뜨린 실용적인 헤어 스타일

垂发(switch) chuífà：或者编起来，或者垂下来的实用发型。

- **스윙 웨이브:** 큰 움직임을 보는 듯한 웨이브

摇摆卷(swing wave) yáobǎijuǎn：看似大幅度摇荡的波浪卷。

- **스칼프 트리트먼트:** 두피 손질

头皮治疗(scalp treatment) tóupí zhìliáo：头皮护理。

- **스퀘어 베이스:** 정방형베이스

正方形发基(square base) zhèngfāngxíng fàjī：正方形分片。

- **스퀘어 커트:** 두부의 외곽선을 커버하기 위해 굴곡진 것과 관계없이 정방형으로 커트

方形剪法(square cut) fāngxíng jiǎnfǎ：
为了掩盖头部的外廓线，不区分弯曲程度，按照正方形剪发。

- **스킵 웨이브:** 웨이브와 컬이 교대로 조합되어진 웨이브로 컬이 말린 방향은 동일하다.

跳波(skip wave) tiàobō：波浪和发卷交替组合的波浪卷，发卷的卷向相同。

- **스탠드 업컬:** 두피면에 루프가 수직으로 세워져 말린 컬

立式发卷(stand-up curl) lìshì fàjuǎn：头皮面上毛发垂直立起的发卷。

- **스템:** 머리 줄기

发干(stem) fàgàn：将头发分绺后的发条。

- **스트랜드:** 작게 잘라낸 머리 단

发束(strand) fàshù：剪短的发条。

- **스트로크 커트:** 시저스(가위)에 의한 테이퍼링

削剪法(stroke cut) xiāojiǎnfǎ：
利用剪刀(scissors)进行的削薄剪法(tapering)。

- **스파니엘:** 앞부분이 내려가고 뒷부분이 짧은 단발머리

发片向后提升(spaniel) fàpiàn xiàng hòu tíshēng：
前部分下垂，后部分短的短发。

- **스파이럴식:** 가장 먼저 사용된 방법으로 두피에서부터 두발 끝으로 말며 긴머리에 적당하다.

螺旋式(spiral style) luóxuánshì ：系最先使用的方法，从头皮卷向发梢，适合于长发。

- **스페셜 샴푸:** 특별한 경우의 샴푸로 핫오일 샴푸잉과 에그 샴푸잉이 있다.

特别洗发(special shampooing) tèbié xǐfà：特别场合的洗发，包括焗油洗发(hot oil shampooing)和蛋液洗发(egg shampooing)。

- **슬라이스:** 두발을 적게 가르는 것

分发片(slice) fēn fàpiàn：将头发一点点分成片。

- **슬래핑:** 손바닥 전체를 사용해서 두드리는 방법

拍打(slapping) pāidǎ：利用整个手掌拍打的方法。

- **슬리더링:** 시저스로 두발을 틴닝

滑剪(slithering) huájiǎn：利用剪刀打薄(thinning)头发。

- **싱글링:** 네이프 부분에 빗을 대고 짧게 커트

削短(shingling) xiāoduǎn：在后颈区利用梳子削短头发的技法。

ㅇ

- **아크 베이스:** 호형베이스

弧形发基(arc base) húxíng fàjī：弧形分片。

- **에머리 보드:** 원네일이 사용하는 파일

指甲砂锉(emery board) zhǐjia shācuò：修整指甲的锉刀。

- **에플리케이터:** 파마액, 세트로션, 염색제 등을 담는 용기

药筒(applicator) yàotǒng：装烫发水、梳整水(set lotion)、染发剂等的容器。

- **엔드 테이퍼:** 스트랜드 1/3 이내의 두발 끝을 테이퍼하는 것

减薄收尾(end taper) jiǎnbáo shōuwěi：削剪发束(strand)1/3以内的发梢。

- **엔드 페이퍼:** 와인딩시 모발에 대어 주는 종이

烫发纸(endpaper) tàngfàzhǐ：上卷(winding)时垫在头发的纸。

- **엔드 플러프:** 두발 끝 모양을 갖추지 않고 너풀너풀한 느낌

自然收尾(end fluff) zìrán shōuwěi：发梢不做处理，留以自然蓬松的感觉。

- **엔딩:** 핑거 웨이브의 끝맺음

收尾(ending) shōuwěi：手指波浪卷(finger wave)的结尾。

- **오버 프로세싱:** 제1액을 도포 후 소요시간이 지난 것

过度处理(over processing) guòdù chǔlǐ：涂上第一剂以后，超过所需时间的情况。

- **오블롱 베이스:** 장방형 베이스

长方形发基(oblong base) chángfāngxíng fàjī：长方形发片。

- **올 웨이브:** 가리마 없이 두부 전체를 웨이브

全头卷发(all wave) quántóu juǎnfà：头发不分缝儿，将整个头部做成波浪卷。

- **용매:** 용질을 용해시키는 물질

溶媒(solvent) róngméi：溶解溶质的物质。

- **용액:** 두 가지 이상의 물질이 균일하게 혼합

溶液 róngyè：均匀混合两种以上的物质。

- **용질:** 용액 속에 녹아 있는 물질

溶质 róngzhì：溶液中溶化的物质。

- **와이드 웨이브:** 크레스트와 리지가 뚜렷하면서 자연스런 웨이브

宽卷(wide wave) kuānjuǎn：波峰(crest)和脊线(ridge)清晰自然的波浪卷。

- **유연법:** 주물러 푸는 방법

揉捏法(kneading) róuniēfǎ：通过揉捏消除疲劳的方法。

- **원형 탈모증:** 특별한 원인 없이 동전만한 크기로 두발이 빠지는 현상

斑秃(alopecia areata) bāntū：无特别原因，以硬币大小脱发的现象。

- **웨이브 뱅:** 풀 웨이브 또는 하프 웨이브로 형성한 뱅

卷刘海(wave bang) juǎn liúhǎi：以全卷(full wave)或半卷(half wave)形成的刘海。

- **웨프트:** 핑거 웨이브의 연습 등에 사용

发帘(weft) fàlián：用于练习手指波浪卷(finger wave)。

- **위그:** 전체 가발

假发(wig) jiǎfà：整体假发。

- **위글렛:** 특정 부위에 특별한 효과를 연출

假发片(wiglet) jiǎfàpiàn：为特定部位带来特别的效果。

- **이사도라:** 앞부분이 약간 짧고 뒷부분은 긴 단발머리

伊莎朵耳(isadora) yīshāduǒ'ěr：前面稍短，后面稍长的短发。

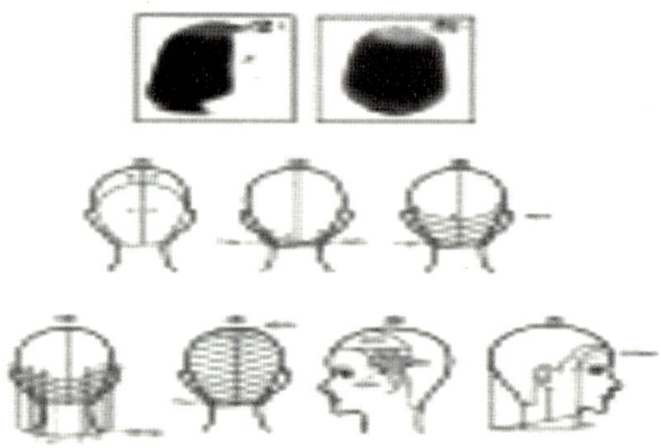

ㅈ

- **자주색:** 온화한 이미지

紫色 zǐsè：表现温和形象的颜色。

- **진동법:** 바이브레이션, 진동기를 이용하여 지각신경에 쾌감을 주는 동시에 혈액 순환을 촉진

振动法 zhèndòngfǎ ：利用振动装置(vibration)、振动器，给知觉神经施加快感的同时，促进血液循环。

ㅊ

- **청색:** 산뜻한 이미지

青色 qīngsè：表现清新形象的颜色。

- **카운터 클락 와이즈 와인드 컬:** 두발이 반시계방향으로 말린 컬

逆时针上卷(counter clock wise wind curl) nìshízhēn shàngjuǎn：头发向逆时针方向卷曲的发卷。

- **커핑:** 손을 오목하게 해서 두드리는 방법

空心掌叩击法(cupping) kōngxīnzhǎng kòujīfǎ：用凹进去的手掌拍打的方法。

- **컬 웨이브:** 2줄의 컬을 조화시켜 형성

卷浪(curl wave) juǎnlàng：两条发卷搭配形成。

- **컬러 다이:** 색채 염모

彩染(color dye) cǎirǎn：彩色染发。

- **케이프:** 어깨를 둘러주는 천

披肩(cape) pījiān：围住肩膀的布。

- **코밍:** 브러시로 표현되지 않는 중요한 작은 부분을 코밍한다.

梳齐(combing) shūqí：将刷子未能表现重要的局部进行梳齐。

- **큐티클 니퍼즈:** 상조피를 자르는 가위

指甲钳(cuticle nippers) zhǐjiaqián：修剪表皮层的剪刀。

- **큐티클 리무버:** 상조피 제거액

去指皮水(cuticle remover) qùzhǐpíshuǐ：去除角质层的液体。

- **큐티클 푸셔:** 손톱의 상피를 미는 기구

死皮推(cuticle pusher) sǐpítuī：推掉指甲角质的工具。

- **크라운:** 두정부

头顶区(crown) tóudǐngqū：头顶部。

- **크래스트:** 컬의 융기점

波峰(crest) bōfēng：发卷的隆起点。

- **크로키놀 식:** 두발 끝에서 두피쪽으로 말며, 짧은 머리에 적당하다.

化学烫发法(croquignole style) huàxué tàngfàfǎ：
将头发从发梢卷向发根，适用于短发。

- **클락 와이즈 와인드 컬:** 두발이 시계방향으로 말린 컬

顺时针上卷(clock wise wind curl) shùnshízhēn shàngjuǎn：
头发向顺时针方向卷曲的发卷。

- **클리핑:** 상하거나 갈라진 두발을 마른 상태로 꼬아서 잘라내는 방법

剪裁(clipping) jiǎncái：在干燥状态下，将发片捻成股，剪掉露出股外的受损或分叉的头发。

- **탈모균에 의한 탈모증:** 사상균의 일종인 방사선균의 기생으로 인한 탈모

  细菌性脱发 xìjūnxìng tuōfà：丝状菌的一种 — 放线菌的寄生引发的脱发。

- **탈염:** 염모제에 의해 염색된 두발의 색을 제거하는 것

  褪色清洗 tuìsè qīngxǐ：去除使用染色剂后染出的颜色。

- **탑:** 두부의 정상

  头顶 tóudǐng：头部的最高部位。

- **탑코트:** 에나멜을 보호하고 광택을 높이기 위해 에나멜을 바른 위에 바르는 것

  亮油(topcoat) liàngyóu：为了保护指甲油，提高光泽度，在指甲油上涂的液体。

- **태핑:** 손의 옆면(수도)를 사용해서 두드리는 방법

  捶拍(tapping) chuípāi：利用手的侧面(手刀)拍打的方法。

- **테스트 컬:** 프로세싱 후 컬의 상태를 파악하는 것

  试发卷(test curl) shìfàjuǎn：涂上染发或烫发水后了解发卷状态。

- **테이퍼링:** 두발 끝을 점차적으로 가늘게 커트하는 것

  削薄剪法(tapering) xiāobáo jiǎnfǎ：将头发的发梢逐渐剪薄的剪法。

- **텐션:** 컬을 말 때 들어가는 힘의 정도

拉力(tension) lālì ：卷发卷时施加的力量程度。

- **트라이앵글러 베이스:** 삼각형 베이스

三角形发基(triangular base) sānjiǎoxíng fàjī：三角形分片。

- **트리밍:** 이미 완성된 두발선 위를 최종적으로 가볍게 톱날모양으로 커트

修剪(trimming) xiūjiǎn：对已完成的发片，最终以锯齿模样轻轻修剪。

- **틴닝:** 두발의 길이는 변화를 주지 않고 전체적으로 숱만 감소시키는 것

打薄(thinning) dǎbáo：不改变头发长度，只减少整体发量。

- **틴트:** 착색

着色(tint) zhuósè：使上色。

ㅍ

- **판넬:** 머리단을 얇게 잡아낸 것이 널판 상태로 되어 있는 것

发片(panel) fàpiàn：将发束薄薄地分离，使其呈片状。

- **패치 테스트:** 염색하기 전의 피부적응 시험(알레르기, 접촉성 피부염)

皮肤过敏试验(patch test) pífū guòmǐn shìyàn：染色之前的皮肤过敏性试验，确认是否存在过敏、接触性皮肤炎等情况。

- **페이지 보이 플러프:** 두발 끝이 갈고리 모양으로 한 번 구부러진 반원형

  头发内卷(page boy fluft) tóufa nèijuǎn：发梢像钩子般卷曲成半圆形的形态。

- **포워드 롤:** 귓바퀴 방향으로 말린 롤

  前卷(forward roll) qiánjuǎn：向耳轮方向卷曲的发卷。

- **포워드 비기닝:** 웨이브 방향이 귓바퀴 방향

  前卷起点(forward beginning) qiánjuǎn qǐdiǎn：波浪卷方向为耳轮方向。

- **포워드 엔딩:** 양 측면에서 모여진 웨이브의 끝방향이 결과적으로 포워드 핀컬이나 포워드 웨이브의 형태로 고정되는 경우

  前卷收尾(forward ending) qiánjuǎn shōuwěi：在两侧会合的波浪卷末端方向以前手指卷发(pin curl)或前波浪卷形式固定的情况。

- **폴리시 리무버:** 광택제 제거액

  洗甲水(polish remover) xǐjiǎshuǐ：光泽剂去除液。

- **풀:** 숏 헤어를 일시적으로 롱 헤어로 변화시킬 때 사용

  下垂(fall) xiàchuí：将短发一次性变化成长发时使用。

- **풀스템:** 컬의 형태와 방향만을 부여하는 것으로 컬의 움직임이 가장 크다.

  全发(full-stem) quánfà：
  仅依靠赋予发卷的形态和方向，就可以实现发卷动作的最大化。

- **프런트:** 전두부

前额(front) qián'é：前头部。

- **프렌치 뱅:** 두발 끝이 너풀너풀하게 부풀린 느낌의 뱅. 뱅으로 만든 부분의 두발을 업코움(치켜빗기)하고, 두발 끝을 라운드 플러프로 처리한 뱅

法式刘海(french bang) fǎshì liúhǎi：发梢蓬松自然的刘海，刘海部分的头发往上梳理，对发梢进行圆形(round fluff)处理的刘海。

- **프로세싱:** 제1을 도포 후 환원되는 소요시간 (10~15분)

还原时间(processing) huányuán shíjiān：
涂上第一剂染发或烫发水后还原所需的时间(10~15分钟)。

- **프롱:** 아이롱 기기 중 두발을 위에서 누르는 작용

齿夹(prong) chǐjiā：在卷发棒中起到将头发从上向下按的作用。

- **프린지 뱅:** 가리마 가까이에 작게 만든 뱅

小刘海(fringe bang) xiǎo liúhǎi：分发线周围的小刘海。

- **플래트 컬:** 각도가 없이 편평하고 납작하게 형성된 컬로 스컬프처 컬

平卷(flat curl) píngjuǎn：没有角度的扁平的发卷，属精雕卷(sculpture curl)。

- **플러프 뱅:** 아무런 꾸밈없이 자연스럽게 내려놓은 뱅

蓬松刘海(fluff bang) péngsōng liúhǎi：没有任何修饰，自然垂下来的刘海。

- **플레인 샴푸잉:** 합성세제, 비누, 물을 이용한 보통 샴푸

一般洗发(plain shampooing) yìbān xǐfà：
使用合成洗剂、香皂、水的普通洗发。

- **핑거 볼:** 손가락을 담그는 그릇

洗指碗(finger bowl) xǐzhǐwǎn：泡手指的碗盆。

- **핑거 웨이브:** 세팅 로션이나 물을 사용해 두발을 적시고 빗과 손가락으로 형성

手指波浪卷(finger wave) shǒuzhǐ bōlàngjuǎn：
用梳整水或水弄湿头发，使用梳子和手指形成的波浪卷。

- **핑크색:** 귀여운 이미지

粉红色 fěnhóngsè：打造可爱形象的颜色。

ㅎ

- **하이 웨이브:** 리지가 높은 웨이브

大波浪卷(high wave) dà bōlàngjuǎn：脊线高的波浪卷。

- **하프 스템:** 반 정도의 스템

半发干(half stem) bàn fàgàn：头发分绺后发条的一半。

- **헤어 드레서:** 머리를 매만지는 결발사(結髮師)

美发师(hairdresser) měifàshī：剪发或做头发的技师。

• **헤어 세이핑:** 헤어 커팅의 의미와 헤어 세팅의 의미로 두발의 결을 가지런하게 갖추어 컬 및 웨이브를 만드는 것

择发(hair shaping) zéfà：整理发型时用手指摆弄头发，使发型成型的一种技巧。

• **해킹:** 손의 바깥측면과 손목을 사용해서 두드리는 방법

砍拍(hacking) kǎnpāi：利用手的外侧和手腕拍打的方法。

• **호리즌탈 웨이브:** 리지선이 수평으로 연결된 웨이브

水平波浪卷(horizontal wave) shuǐpín bōlàngjuǎn：脊线水平连接的波浪卷。

제2장

네일아트 용어

美甲用语

Měijiǎ yòngyǔ

• **각탕기:** 발을 담그는 데 사용되는 기구

> 泡脚机 pàojiǎojī
>
> 泡脚用的工具。

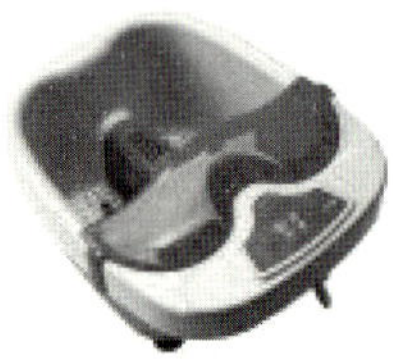

• **글루:** 인조 손톱을 붙이는 접착제. 부러진 손톱의 보수에도 사용한다. 튜브 타입과 브러시언 글루 2종류가 있다. 한순간에 접착하므로 주의

> 胶水(glue) jiāoshuǐ
>
> 粘贴人造指甲的粘合剂，还可用于修整破损的指甲。有管状和带刷胶水两种。因为粘贴快速，使用时应注意。

• **글루 드라이어:** 글루를 빨리 굳게 하는 재료

> 速干剂(glue drier) sùgānjì
>
> 使胶水快速凝固的材料。

• **글루 리무버:** 글루로 접착시킨 인조 네일 등을 떼어낼 때에 사용. 인조손톱도 함께 녹아버리므로 주의

> 除胶剂(glue remover) chújiāojì
>
> 用来清除用胶水粘贴的人造指甲等。此时，人造指甲很容易融化，因此使用时要注意。

• **그림 물감:** 네일아트를 할 때 사용하는 그림도구로 빨리 마르는 내구성인데 아트를 한 손톱을 탑코트로 보호가 필요

> 亚克力(acryl) yàkèlì
>
> 指美甲时使用的绘画工具，具有速干、经久耐用的特点，美甲后的指甲需要用亮油(topcoat)保护。

• **네일 컬러:** 손톱을 칠하는 유채색화장품의 총칭. 일반적으로 매니큐어로 불리고 있는데 그 외에도 에나멜 폴리시 등으로 불린다.

指甲油产品(nail color) zhǐjiayóu chǎnpǐn

指涂在手指甲上的有色化妆品的总称。一般称之为指甲油，此外又称为美甲油(enamel)和光泽剂(polish)等。

• **네일 폼:** 스컬프처 네일 즉, 손톱의 길이를 늘리는 데 사용하는 종이로 된 폼

美甲指托(nail form) měijiǎ zhǐtuō

雕塑(sculpture)指甲时，延长指甲边缘的纸制支撑物。

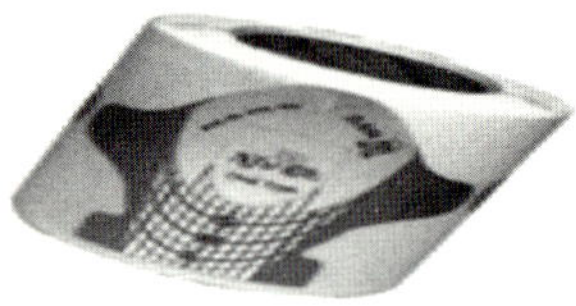

• **네일 브러시:** 파일링으로 갈아 다듬어진 손톱의 가루를 털어 내기도 하고 손톱을 닦을 때도 쓰인다.

指甲刷(nail brush) zhǐjiashuā

用指甲锉锉甲后，刷净指甲上的粉末，还可以用来清洁指甲。

- **네일 스트렝스너:** 손톱을 보강하기 위한 섬유가 들어간 베이스 코트

> **指甲加强剂(nail strenthner) zhǐjia jiāqiángjì**
>
> 可增强指甲的包含纤维的底油(base coat)。

- **넌 옐로우 탑 코트:** 네일 에나멜이 태양광선이나 화학물질에 의해서 변색되는 것을 방지

> **防变色亮油(non-yellow top coat) fáng biànsè liàngyóu**
>
> 防止指甲油因太阳光或化学物质而变色。

- **네일 랩:** 손톱을 씌워준다는 뜻으로 오버레이(overlays)라고도 한다. 이것은 페브릭(fabric)을 접착제로 손톱에 붙이는 것을 말한다.

> **指甲套(nail wrap) zhǐjiatào**
>
> 因为套住指甲，还称之为遮盖(overlays)。这指的是，利用粘合剂将面料(fabric)粘贴在指甲上。

• **네일 에나멜:** 유색 폴리시, 랙커라고도 하며 손톱에 발라 주는 유색의 화장제이다. 한 번으로는 본래의 색이 나오지 않으므로, 두 번에서 세 번 정도는 발라야 한다.

指甲油(nail enamel) zhǐjiayóu

又称之为有色光泽剂(polish)、指彩蜜(lacquar)，是涂在指甲上的有色化妆材料。涂一次不能表现出原有颜色，因此要反复涂上两到三次。

• **네일 화이트너:** 손톱의 프리엣지 부분을 희게 보이도록 해 주는 것으로, 주성분은 산화연, 티타늄, 디옥사이드이다.

指甲增白剂(nail whitener) zhǐjia zēngbáijì

可以使指甲前缘(free edge)部分变得洁白，主成分为氧化铅、钛和二氧化物。

• **니퍼:** 손톱 주변의 굳은 살을 제거하는 도구

死皮剪(nipper) sǐpíjiǎn

去除指甲周围角质层的工具。

• **더스트 브러시:** 손톱 주변의 먼지나 이물질을 털어내는 도구

去尘刷(dust brush) qùchénshuā

清除指甲周围灰尘和异物的工具。

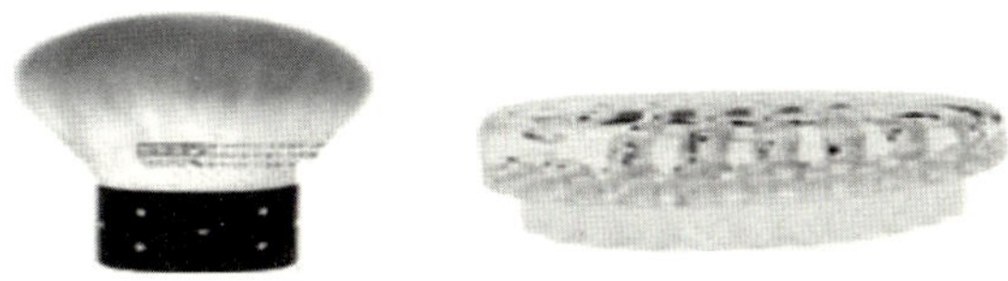

• **드릴:** 인조 손톱을 정리할 때 쓰는 전동 기구

磨甲机(drill) mójiǎjī

整理人造指甲时使用的电动工具。

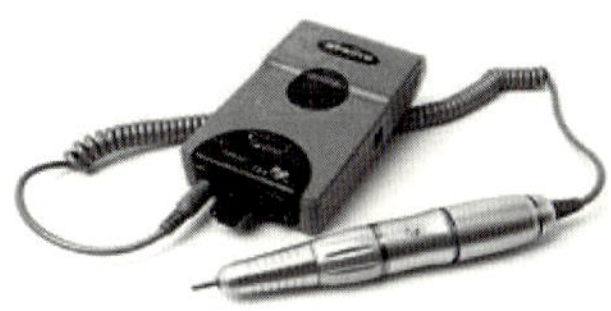

• **디스펜서:** 리무버를 담아 놓는 통

洗甲水瓶(dispenser) xǐjiǎshuǐpíng

装洗甲水(remover)的容器。

• **리퀴드:** 스컬프처 네일을 만들 때에 사용하는 아크릴 수지의 액체

水晶甲液(liquid) shuǐjīngjiǎyè

制作雕塑(sculpture)时使用的亚克力树脂液体。

• **라이트 큐어드 젤:** 두껍게 올라가는 젤과 얇게 올라가는 젤이 있다.

光疗树脂(light cured gel) guāngliáo shùzhǐ 分为厚胶和薄胶。

• **라피드 드라이:** 손톱 급속 건조기

速干机(rapid dry) sùgānjī 指甲快速干燥机。

• **레귤러 팁:** 인조손톱을 붙일 때 쓰는 재료

自然颜色贴片(regular tip) zìrán yánsè tiēpiàn
粘贴人造指甲时使用的材料。

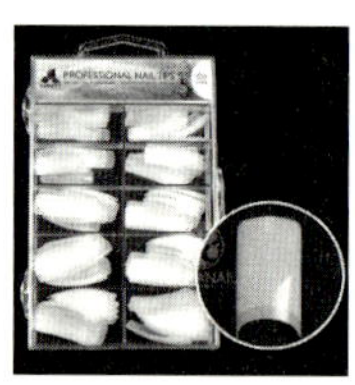

• **리무버:** 폴리시를 지울 때 쓰는 재료

洗甲水(remover) xǐjiǎshuǐ 去除指甲油时使用的材料。

• **메탈 푸셔:** 큐티클을 밀어 올릴 때에 사용하는 금속제 도구. 잘못 사용하면 손톱이나 피부에 상처를 줄 수 있다.

金属推棒(metal pusher) jīnshǔ tuībàng

去除角质层(cuticle)时使用的金属工具，使用不当，很容易给指甲和皮肤造成损伤。

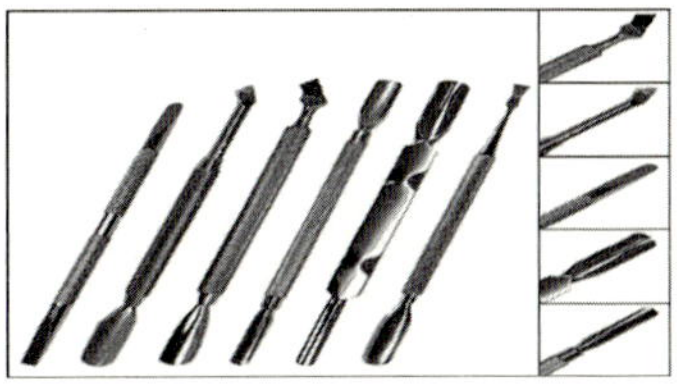

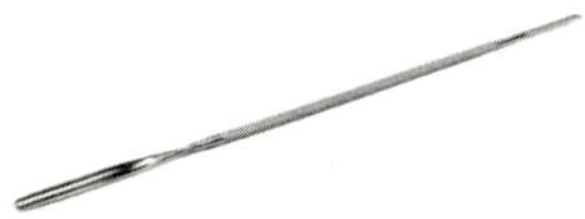

• **메이크업 박스:** 제품을 담아 휴대할 수 있는 상자

化妆箱(make-up box) huàzhuāngxiāng

装产品并可以携带的箱子。

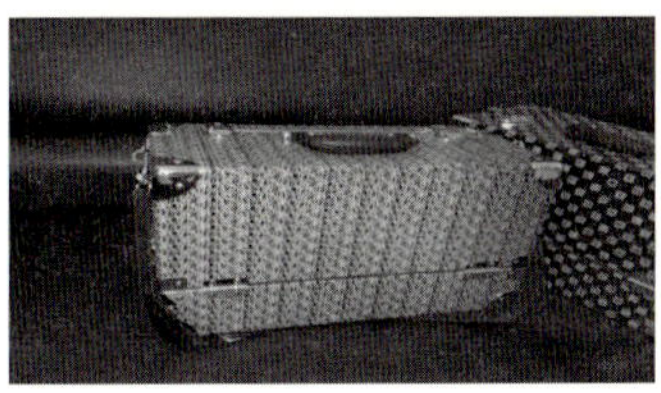

• **무슬린:** 왁싱 시술시 허니를 바른 후 털을 제거할 때 사용하는 천

全棉细平布(muslin) quánmián xìpíngbù

蜜腊脱毛(waxing)时，涂上蜜腊后除毛时使用的布料。

- **붓:** 스컬프처의 형태를 만들 때 일러스트를 그릴 때에 사용한다.

笔刷(brush) bǐshuā

制作雕塑 (sculpture) 形态时，用于画插图 (illustration)。

- **베이스 코트:** 손톱 보호제. 네일 컬러를 칠하기 전에 칠하는 것. 네일컬러의 색소가 손톱에 베어들어 손톱이 누렇게 되는 것을 막고 네일컬러를 잘 유지시키는 역할을 한다. 손톱과 폴리시의 접착력을 높인다.

底油(base coat) dǐyóu 是一种指甲保护剂。涂上指甲油产品前涂的材料。防止涂指甲油产品后指甲变黄或色素透进指甲里，起到保持指甲颜色的作用。提高指甲与光泽剂(polish)的粘合力。

- **본드 에이드:** 보조 접착제

辅助胶(bond aid) fǔzhùjiāo 辅助粘合剂。

- **버퍼:** 인조손톱 또는 자연손톱의 표면을 자연 광택이 나게 만들어 주는 연마스틱으로 거칠기가 3~4단계로 되어 있다.

抛光块(buffer) pāoguāngkuài

指人造指甲或天然指甲表面的研磨工具，可使指甲呈自然光泽，粗糙程度分为3~4个阶段。

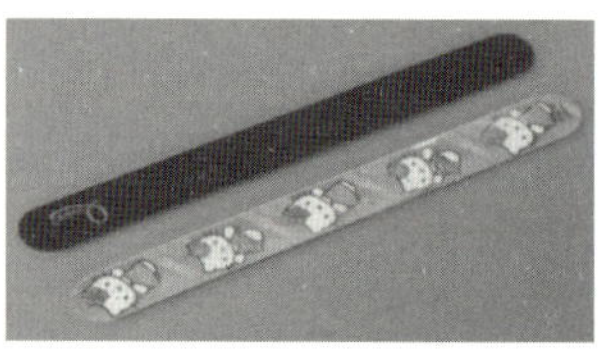

- **소독액:** 손톱의 손질이나 인조손톱을 붙이기 전에 소독을 하는 것이 이상적이라 할 수 있다.

> 消毒液 xiāodúyè 修整指甲或粘贴人造指甲前，最好先用消毒液进行消毒。

- **솔벤트:** 네일 컬러의 엷은 액체. 네일 폴리시의 전용 시너

> 溶剂(solvent) róngjì
> 是一种洗甲液，是光泽剂(polish)的专用稀释剂(thinner)。

- **쓰리 코트:** 세 번 덧바른다.

> 三层油(three coat) sān céng yóu 连续涂上三次。

- **샌딩 버퍼:** 샌딩 블럭이라고도 함. 손톱이나 네일 팁의 거친 부분을 매끄럽게 마무리할 때 사용되는 도구로, 검은색 또는 흰색이 있다.

> 磨甲条(sanding buffer) mójiǎtiáo 又称抛光块(sanding block)。是对指甲或假指甲(nail tip)的粗糙部分进行抛光的工具，有黑色和白色两种。

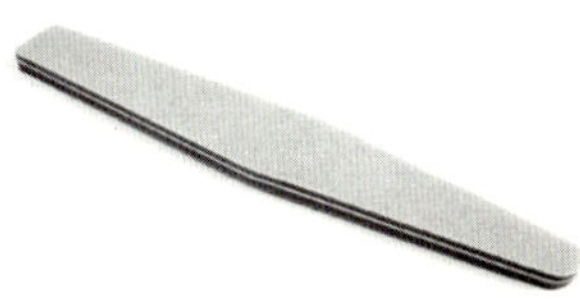

- **소프트 터치:** 접착제가 붙어 있는 실크

> 柔软触感(soft touch) róuruǎn chùgǎn 附着有粘合剂的丝绸。

• **스컬프처 네일:** 네일 폼을 사용하여 손톱을 만들어 주는 방법

雕塑指甲(sculptured nail) diāosù zhǐjia

使用美甲指托(nail form)制作指甲的方法。

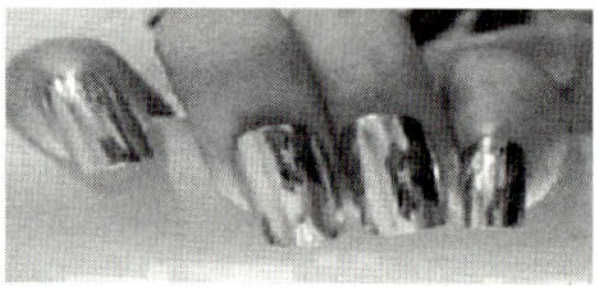

• **스텐실:** 에어 브러시 아트를 할 때 쓰는 도구

模板(stencil) móbǎn 进行喷绘艺术(air brush art)时使用的工具。

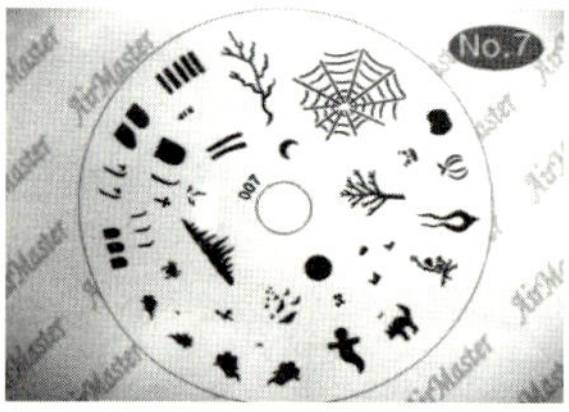

• **쓰리디(3D):** Three-dimension의 약어. 인조보석, 글리터 또는 아크릴릭을 사용하는 입체 조형물

三维(three-dimension) sānwéi

利用人造宝石、闪光剂、亚克力(acrylic)制作的立体造型。

• **에머리 디스크:** 사포 판

钢砂磨盘(emery disk) gāngshā mòpán 砂纸板。

• **이스터:** 접착력 부활제

乳化剂(easter) rǔhuàjì 粘合力复活剂。

• **이레이저 스틱:** 지우개

> 橡皮棒(eraser stick) xiàngpíbàng　橡皮擦。

• **에머리 보드:** 손톱을 갈아내는 것. 주로 자기 손톱의 길이나 모양을 다듬는 데 사용한다.

> 指甲锉(emery board) zhǐjiacuò
> 研磨指甲的工具。主要用于修整自己的指甲长度或形状。

• **오일:** 큐티클 오일이나 네일 오일

> 油(oil) yóu　角质层(cuticle)油或护甲油。

• **오렌지 우드 스틱:** 잘못 칠해져서 밖으로 밀려 나온 네일 컬러 등을 닦아 낼 때 코튼을 얇게 감아서 사용하거나 손톱의 뿌리 쪽 둘레의 얇은 피부를 밀어 올릴 때 사용한다. 소재는 오렌지 나무

> 橙木条(orange wood stick) chéngmùtiáo
> 用于清洁不慎溢出的指甲油等的工具，此时卷上薄薄的棉花使用；还用于修整指甲根部周围薄皮肤。材料为橙木。

• **아세톤:** 제광액의 주성분. 인조손톱을 떼어 낼 때에도 사용하는데, 탈지작용이 강하기 때문에 사용 후에는 유분을 발라 준다.

> 丙酮(acstone) bǐngtóng
> 洗甲水的主要成分。还用于卸除人造指甲，由于脱脂作用强，因此使用后要补充油分。

• **에어 브러시:** 콤프레서를 사용해서 아크릴 물감을 분무 상태로 뿜어 주는 네일 아트

喷笔(air brush) pēnbǐ

使用压缩装置(compressor)将亚克力颜料呈雾状喷射于美甲上。

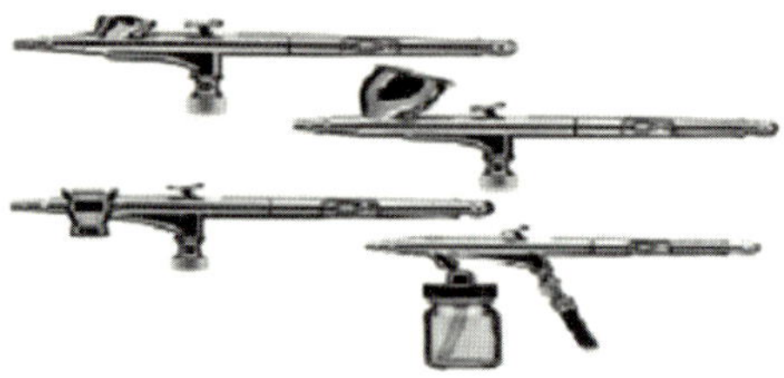

• **왁싱:** 신체의 불필요한 털을 제거하는 것으로, 주로 외관상 노출된 부위의 털을 제거하고자 할 때 사용

蜜腊脱毛(waxing) mìlà tuōmáo

用于去除身体上多余的毛，主要用于去除外观上暴露部位的毛。

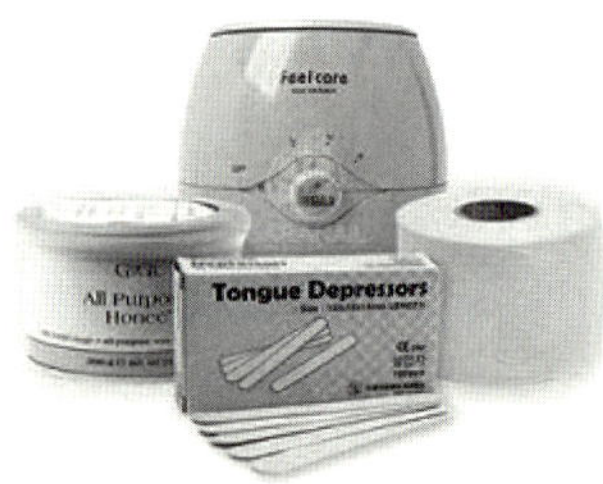

• **유브이 탑코트:** UV 광선을 이용해서 네일 에나멜을 건조시킬 때 사용되는 탑코트

紫外线亮油(UV topcoat) zǐwàixiàn liàngyóu

利用紫外线干燥指甲油时使用的亮油(topcoat)。

- **인조 보석:** 큐빅 등 작은 모조 다이아몬드로 여러 가지 색깔과 크기가 있다. 베이스코트와 폴리시를 바른 후 라인스톤을 오렌지 우드 스틱을 사용해서 디자인한다. 마지막에 탑코트를 바른다.

莱茵河石(rhine stone) Láiyīnhéshí

指水晶等小的仿造钻石，具有多种颜色和大小。涂上底油(base coat)和光泽剂(polish)后，利用橙木条(orange wood stick)设计莱茵河石(Lhine stone)，然后，涂上亮油(topcoat)。

- **워터 데칼:** 폴리시가 마른 다음 원하는 디자인을 오려서 물에 30초 정도 담갔다가 그림만 떼어내어 손톱 위에 붙인다. 마지막에 탑코트를 바른다.

水印贴(water decal) shuǐyìntiē

光泽剂(polish)晾干后，选择并剪掉图案放入水中30秒左右，然后取出贴在指甲上，最后涂上亮油(topcoat)。

- **재퍼 액티베이터:** 빠른 활성제

活力催化剂(zaper activator) huólì cuīhuàjì

快速活性剂。

• **전기 네일 건조기:** 네일 폴리시를 좀 더 빠르게 건조시키기 위한 전기 기구로서, 그냥 바람을 이용하는 팬이 있고, 자외선을 이용하는 UV light dryer도 있다.

> **电子指甲干燥机(electric nail dryer)** diànzǐ zhǐjia gānzàojī
>
> 这是加快指甲光泽剂(polish)干燥速度的电器，分为只利用风扇的风干机和利用紫外线的紫外线干燥机(UV light dryer)。

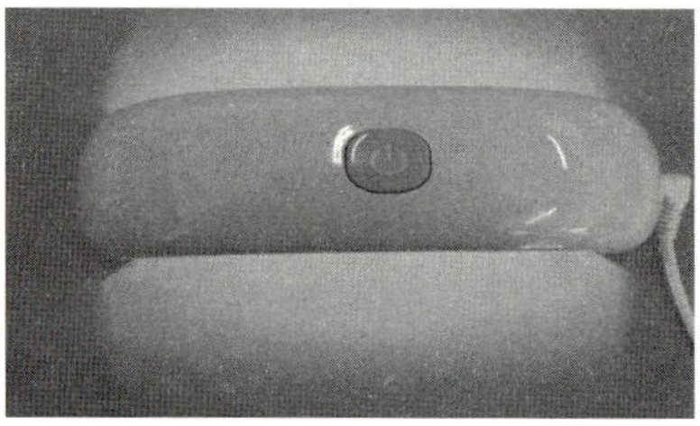

• **지혈제:** 가벼운 출혈을 멈추게 하는 역할로 액체 또는 분말 타입이 있다. 절대로 손으로 누르거나 문질러서는 안 된다.

> **止血剂(hemostatic)** zhǐxuèjì
>
> 用于轻微伤口的止血，分为液体和粉末两种。千万不能按揉。

• **큐티클:** 일반적으로 감피(甘皮)라고도 하는 조상피(爪上皮)를 말하는데, 손톱의 뿌리쪽 둘레의 얇은 피부로 손톱을 보호하는 역할을 하지만, 계속해서 붙어 있으면 손톱의 발육을 방해하게 된다.

> **角质层(cuticle)** jiǎozhìcéng
>
> 一般情况下指甲上皮，是指甲根部周围的薄皮肤，具有保护指甲的作用。但是如果长期黏附在指甲上，就会妨碍指甲的发育。

• **큐티클 니퍼:** 손거스러미를 잘라 다듬고 큐티클을 다듬을 때 사용하는 작은 전용 가위

死皮剪(cuticle nipper) sǐpíjiǎn

修剪手指倒刺儿和角质层(cuticle)时使用的小型专用剪刀。

• **큐티클 리무버:** 큐티클을 부드럽게 하여 손질하기 쉽게 한다. 액체타입이나 크림타입 등이 있다.

角质软化剂(cuticle remover) jiǎozhì ruǎnhuàjì

使角质层(cuticle)变得柔软，从而容易修剪。有液体和乳剂两种。

• **큐티클 오일:** 큐티클을 부드럽게 보호하고 손거스러미를 방지하는 역할을 한다. 네일 케어를 끝냈을 때나 취침 전 맛사지시 사용한다.

角质层油(cuticle oil) jiǎozhìcéngyóu

用于使角质层(cuticle)变柔软和防止手指倒刺儿的产生。一般在指甲护理结束后或入睡前按摩时使用。

• **콘커터:** 발바닥의 굳은살을 제거하는 도구

脚刨(corn cutter) jiǎobào

去除脚掌上老茧时使用的工具。

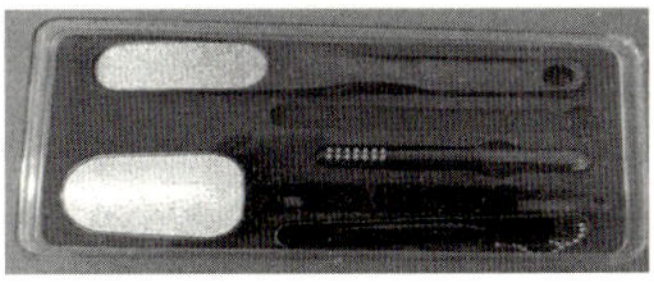

• **큐티클 용해제:** 매니큐어나 페디큐어를 시술할 때, 푸셔를 사용하기 전에 큐티클을 부드럽고 느슨하게 만들 때 사용한다.

角质溶剂(cuticle solvent) jiǎozhì róngjì

做美甲(manicure)或修脚(pedicure)时，使用推刀前，用于将角质层处理成松软状态。

• **클리퍼:** 손톱의 길이를 조절하는 재료

指甲刀(clipper) zhǐjiadāo 调整指甲长度的工具。

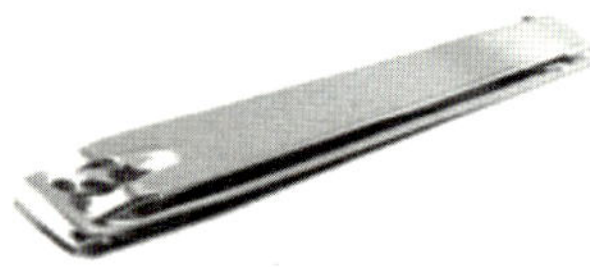

• **탑코트:** 네일 컬러를 칠한 위에 칠하는 것. 광택을 더해 주면서 네일 컬러를 오래 유지시켜 준다.

亮油(topcoat) liàngyóu

涂上指甲油产品后涂在上面增加光泽的材料，可长期保持指甲的颜色。

• **토우 세퍼레이터:** 폴리시를 칠할 때 발가락 사이에 끼우는 도구

分趾器(toe separator) fēnzhǐqì

涂上光泽剂(polish)时夹在脚趾间的材料。

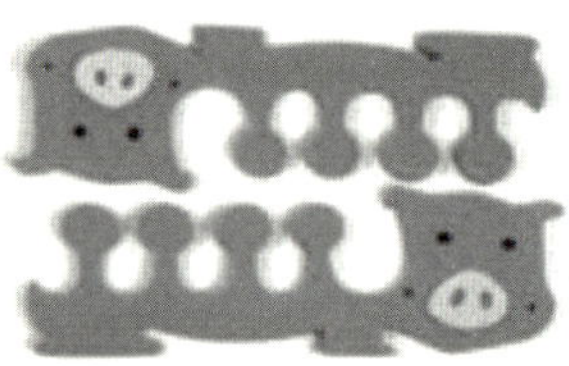

• **프라이머:** 인조손톱을 달 때 아크릴의 접착을 강화하기 위한 바탕. 피부에 묻지 않도록 주의해야 한다.

干燥粘合剂(primer) gānzào niánhéjì 上人造指甲时，为了强化亚克力的粘贴力而使用的产品，需要注意的是，不能让皮肤触及该产品。

• **폴리시:** 매니큐어, 네일 컬러, 에나멜 등으로 불리는 손톱에 색을 입히기 위한 화장품

光泽剂(polish) guāngzéjì
又称为指甲油、美甲油(enamel)等，是指甲上涂色用的化妆品。

• **핑거 볼:** 매니큐어 볼이라고도 하며 손톱 주변의 굳은살을 불릴 때 쓰는 볼

浸手碗(finger bowl) jìnshǒuwǎn
又称美甲碗，是泡指甲周围角质和老茧用的碗盆。

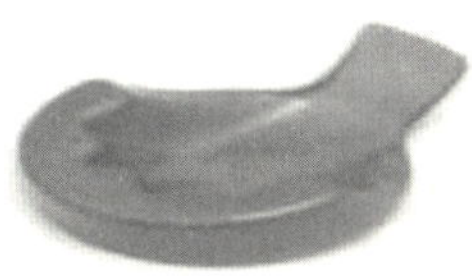

부록

1. 한어 개요
2. 한어병음 음절 발음표
3. 한글 자음 모음 기본 발음표

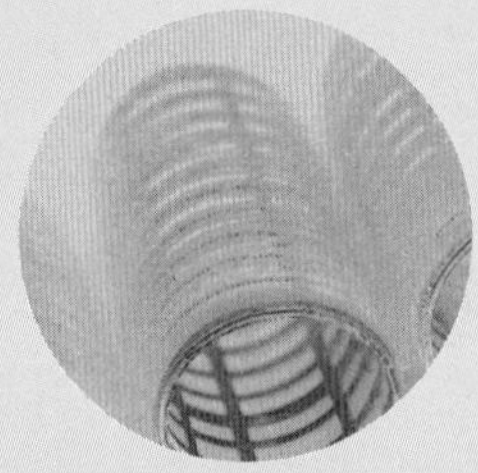
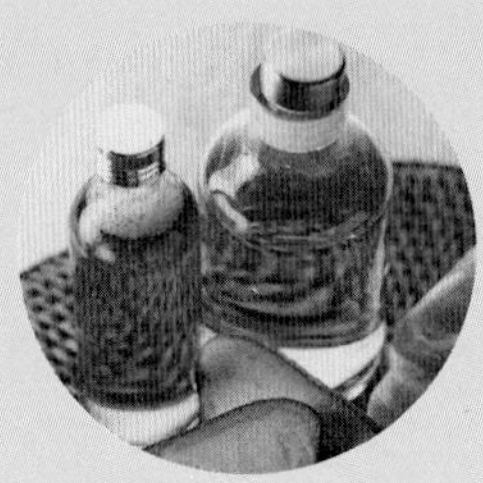
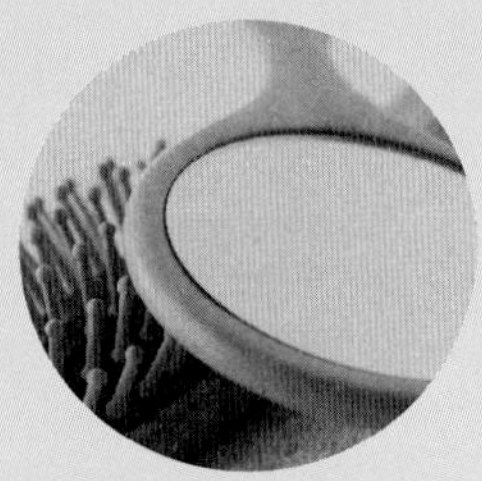

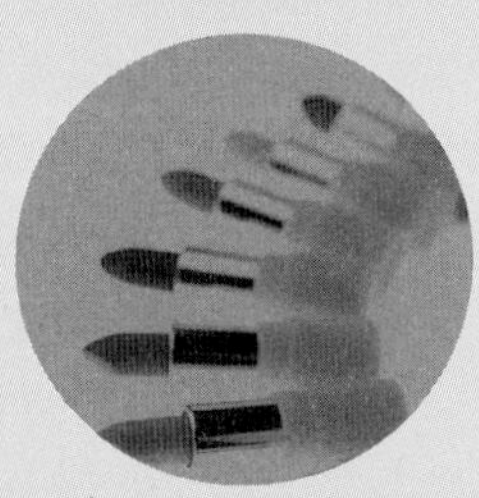

1. 한어 개요

1 한자(漢字)와 한자의 역사

한자는 세계에서 가장 오래된 문자이며 상형(像形)문자이다.

한자의 역사는 3,000~4,000년 전에 달하며, 현재 고증할 수 있는 한자는 상(商), 은(殷) 시기의 갑골문(甲骨文)이 그 대표적인 사례이다.

한자는 전형적인 표의(表意)문자이다.

(반면 한글은 전형적인 표음(表音)문자이다)

- **표의(表意) 문자의 특성**: 하나의 발음에 여러 개의 글자가 있을 수 있고, 한 글자는 여러 가지 발음이 있을 수 있다. 중국어는 상형문자이고 표의문자이기 때문에 중국 글자(한자)는 그 수가 매우 많다.

  예 강희자전(康熙字典): 47,035자 수록
  중화자해(中華字海): 85,568자 수록

  ※ 따라서 한자에 대한 정량(定量) + 정형(定形) + 정음(定音)이 필요하다.

- **정량**: 현대한자의 수량을 규정하는 것
  〈현대한어상용자표〉에 따르면 사용빈도가 가장 높은 한자는 약 3,500자이다.

- **정형**: 현대 한자의 표준 글자 모양을 규정하는 것1955년부터 현재까지 한자 중의 불필요한 글자 제거, 번체자(繁體字)를 간체자(简体字)로 개혁하였다.

  예 韓國(번체자) / 韩国 (간체자)

- **정음**: 현대한자의 표준 독음(讀音, 발음)을 규정하는 것이다.보통화(普通话)- 베이징 발음을 표준음으로 삼고, 북방화를 기초방언으로 하고, 모범적인 현대 백화문 저작을 어법 규범으로 하는 현대 한족의 공통어이다.

2 병음에 대한 소개

① 병음(拼音)

한어는 표의문자이기 때문에 글자만으로 정확한 발음을 알 수가 없다. 따라서 발음을 표기할 방법이 필요한데 그에 따라 만들어진 것이 바로 한어병음이다. 한마디로 병음이란 한자의 발음표기법이다.

[hàn 汉(漢)]

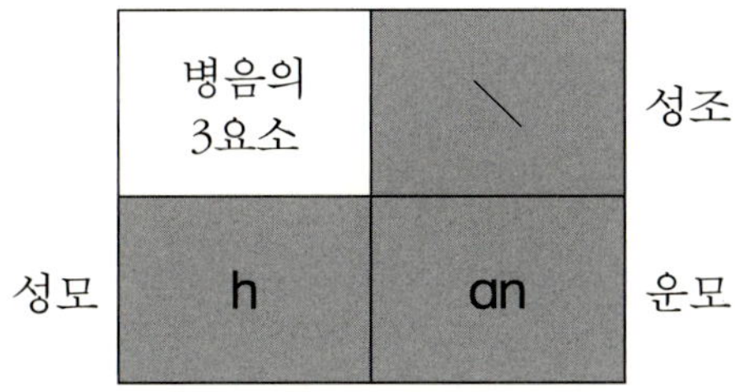

상기 그림을 통해 3가지 정보를 명기해야 한다.

- 한자의 병음은 성모, 운모, 성조 등 3개의 요소를 가지고 있다.
- 성조는 늘 운모 위에 표기된다.
- 성모는 늘 운모의 앞에, 운모는 늘 성모의 뒤에 위치한다.
  (성모 21개 / 운모 36개 / 성조 4개)

② 성모(聲母)

병음에서, 음절의 첫 음에 나오는 자음이다.
(한글의 자음에 해당, 모두 21개가 있다.)

[성모표]

음의 종류	무기음	유기음	비음	마찰음	
쌍순음	b	p	m		
순치음				f	
설첨음	d	t	n	l	
설근음	g	k		h	
설면음	j	q			x
권설음	zh	ch		sh	r
설치음	z	c		s	

③ 운모(韻母)

성모의 뒤에 오는 부분을 운모라고 한다.
음의 운율, 리듬을 결정한다. 한글의 모음에 해당된다.
모두 36개의 운모가 있다.

[운모의 발음]

단운모	a, o, e, ê, i, u, ü
복운모	ai, ei, ao, ou
부성운모	an, en, ang, eng, ong
권설운모	er
결합운모	ia, ie, iao, iou(iu), ian, in, iang, ing, iong
	ua, uai, uei(ui), uan, uen(un), uang, ueng
	üe, üan, ün

④ 성조(聲調)

한자의 의미를 구분해 주는 역할을 하는 글자의 톤이며, 음의 고저, 강약을 나타낸다. 중국어의 성조는 모두 제1성, 제2성, 제3성, 제4성, 경성 등 5개의 성조가 있으며 모든 글자는 고유의 성조를 가진다.

다음과 같이 똑같은 '마(ma)'의 발음도 성조가 다르면 뜻이 전혀 달라진다.

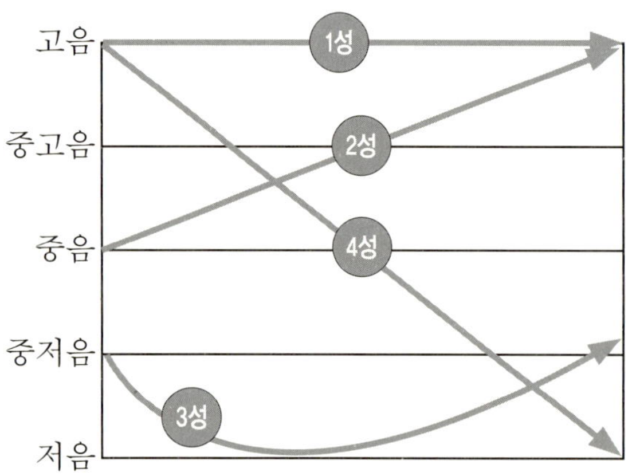

제1성: 妈 mā 엄마

제2성: 嘛 má 마(삼)

제3성: 马 mǎ 말

제4성: 骂 mà 욕하다, 꾸짖다

• 성조(3성)의 변화

3성 + 3성 → 2성 + 3성으로 읽는다.

3성 + 1, 2, 4, 경성 → 반3성 + 1, 2, 4, 경성으로 읽는다.

• 성조기호의 표기

- 성조는 운모 위에 표기하는 것을 원칙으로 한다. 한마디로 발음할 때 입이 더 크게 벌어지는 운모 위에 성조기호를 표기한다.
  성조기호는 a > o > e > i > u > ü 등의 우선 순위로 표기된다.
- 운모가 1개의 문자이면 운모 위에 표기한다.
- 운모가 2개 이상의 문자이면 아래의 규칙에 따른다.
- a가 있으면 a 위에 표기한다.
- a가 없으면 o나 e 위에 표기한다.
  iu, ui는 뒤에 오는 운모 위에 표기한다.
  i 위에 성조를 표기할 때는 i 위의 점을 없앤다.

⑤ 기타 사항

단운모 표기 앞에 성모가 없이 운모로 음절이 시작될 때 표기법이 변한다.

• **i로 시작되는 음절**: i를 y로 바꾸어 표기한다.

예 ia → ya

iao → yao

ie → ye

iong → yong

단, 음절 중 i 운모만 있으면 yi 로 바꾸어 표기한다.

예 i → yi

in → yin

ing → ying

- **u로 시작되는 음절**: u를 w로 바꾸어 표기한다.

  예 ua → wa

  uo → wo

  uan → wan

  uang → wang

단, 음절 중 u 운모만 있으면 wu로 바꾸어 표기한다.

- **ü로 시작되는 음절**: ü를 yu로 바꾸어 표기한다.

  예 ü → yu

  üe → yue

  üan → yuan

  ün → yun

- **i의 독음 규칙**

성모 중 설치음(z, c, s) 권설음(zh, ch, sh, r) 뒤에서는 "으"로 발음한다.
설치음과 권설음을 제외한 성모 뒤에서는 "이"로 발음한다.

- 성모 j, q, x 뒤에 ü가 오면 ü의 두 점을 생략한다.

  예 ju, qu, xu

2. 한어병음 음절 발음표

한어병음 음절 발음표

【A】	a	ai	an	ang	ao																
	啊	哀	安	肮	熬																
【B】	ba	bai	ban	bang	bao	bei	ben	beng	bi	bian	biao	bie	bin	bing	bo	bu					
	八	百	班	帮	包	悲	奔	崩	比	边	标	别	宾	兵	波	不					
【C】	ca	cai	can	cang	cao	ce	cen	ceng	cha	chai	chan	chang	chao	che	chen	cheng	chi	chong	chou	chu	chuan
	擦	才	参	仓	操	册	参	层	查	柴	产	长	抄	车	晨	成	吃	充	抽	出	川
	chuang	chui	chun	chuo	ci	cong	cou	cu	cuan	cui	cun	cuo									
	创	吹	春	绰	词	聪	凑	粗	窜	崔	村	错									
【D】	da	dai	dan	dang	dao	de	dei	deng	di	dian	diao	die	ding	diu	dong	dou	du	duan	dui	dun	duo
	大	呆	单	当	刀	德	得	灯	地	点	刁	跌	丁	丢	冬	斗	读	端	对	吨	多
【E】	e	ei	en	eng	er																
	鹅	欸	恩	摁	儿																
【F】	fa	fan	fang	fei	fen	feng	fo	fou	fu												
	发	反	方	飞	分	风	佛	否	夫												
【G】	ga	gai	gan	gang	gao	ge	gei	gen	geng	gong	gou	gu	gua	guai	guan	guang	gui	gun	guo		
	伽	该	干	刚	高	哥	给	根	耕	工	沟	姑	瓜	怪	关	光	规	棍	国		
【H】	ha	hai	han	hang	hao	he	hei	hen	heng	hong	hou	hu	hua	huai	huan	huang	hui	hun	huo		
	哈	还	含	航	好	喝	黑	很	横	轰	猴	乎	花	怀	欢	荒	灰	昏	火		
【J】	ji	jia	jian	jiang	jiao	jie	jin	jing	jiong	jiu	ju	juan	jue	jun							
	机	家	坚	江	交	阶	斤	京	炯	究	居	卷	决	军							
【K】	ka	kai	kan	kang	kao	ke	ken	keng	kong	kou	ku	kua	kuai	kuan	kuang	kui	kun	kuo			
	卡	开	刊	康	考	科	肯	坑	空	口	苦	夸	快	宽	狂	亏	困	阔			
【L】	la	lai	lan	lang	lao	le	lei	leng	li	lia	lian	liang	liao	lie	lin	ling	liu	long	lou	lu	lü
	拉	来	兰	狼	劳	乐	雷	冷	离	俩	连	良	辽	列	林	灵	刘	龙	楼	路	驴
	luan	lüe	lun	luo																	
	乱	略	抡	罗																	
【M】	ma	mai	man	mang	mao	me	mei	men	meng	mi	mian	miao	mie	min	ming	miu	mo	mou	mu		
	妈	麦	满	忙	毛	么	眉	门	蒙	迷	棉	苗	灭	民	明	谬	模	某	目		

【N】	na	nai	nan	nang	nao	ne	nei	nen	neng	ni	nian	niang	niao	nie	nin	ning	niu	nong	nou	nu	nü
	那	奶	南	囊	脑	呢	内	嫩	能	你	年	娘	鸟	捏	您	宁	牛	农	弄	奴	女
	nuan	nüe	nuo																		
	暖	虐	挪																		
【O】	o	ou																			
	哦	欧																			
【P】	pa	pai	pan	pang	pao	pei	pen	peng	pi	pian	piao	pie	pin	ping	po	pou	pu				
	趴	拍	盘	旁	跑	培	盆	朋	批	偏	飘	撇	拼	平	坡	剖	扑				
【Q】	qi	qia	qian	qiang	qiao	qie	qin	qing	qiong	qiu	qu	quan	que	qun							
	七	恰	千	枪	悄	切	亲	青	穷	秋	区	全	缺	群							
【R】	ran	rang	rao	re	ren	reng	ri	rong	rou	ru	ruan	rui	run	ruo							
	然	让	饶	热	人	扔	日	荣	肉	如	软	锐	润	弱							
【S】	sa	sai	san	sang	sao	se	sen	seng	sha	shai	shan	shang	shao	she	shen	sheng	shi	shou	shu	shua	
	洒	赛	三	桑	扫	色	森	僧	杀	晒	山	伤	烧	舌	深	生	师	手	书	刷	
	shuai	shuan	shui	shun	shuo	si	song	sou	su	suan	sui	sun	suo								
	摔	拴	水	顺	说	思	松	搜	苏	算	岁	孙	所								
【T】	ta	tai	tan	tang	tao	te	teng	ti	tian	tiao	tie	ting	tong	tou	tu	tuan	tui	tun	tuo		
	它	台	贪	糖	桃	特	疼	题	天	条	铁	听	通	头	土	团	推	吞	脱		
【W】	wa	wai	wan	wang	wei	wen	weng	wo	wu												
	挖	外	完	王	威	温	翁	我	无												
【X】	xi	xia	xian	xiang	xiao	xie	xin	xing	xiong	xiu	xu	xuan	xue	xun							
	西	下	先	香	小	写	心	星	胸	休	须	宣	学	寻							
【Y】	ya	yan	yang	yao	ye	yi	yin	ying	yong	you	yu	yuan	yue	yun							
	压	烟	央	要	业	一	音	英	用	优	雨	元	月	云							
【Z】	za	zai	zan	zang	zao	ze	zei	zen	zeng	zha	zhai	zhan	zhang	zhao	zhe	zhen	zheng	zhi	zhong	zhou	
	杂	载	咱	脏	早	责	贼	怎	增	扎	摘	占	张	照	这	针	正	支	中	周	
	zhu	zhua	zhuan	zhuang	zhui	zhun	zhuo	zi	zong	zou	zu	zuan	zui	zun	zuo						
	朱	抓	专	庄	追	准	捉	资	宗	走	足	钻	最	尊	作						

한어병음 음절표

운모 / 음절 / 성모	a	ai	ao	an	ang	o	ou	ong	e	ei	en	eng	er	i	ia	iao	ian
	a	ai	ao	an	ang	o	ou		e	ei	en	eng	er	yi			yin
b	ba	bai	bao	ban	bang	bo				bei	ben	beng		bi		biao	bian
p	pa	pai	pao	pan	pang	po	pou			pei	pen	peng		pi		piao	pian
m	ma	mai	mao	man	mang	mo	mou		me	mei	men	meng		mi		miao	mian
f	fa			fan	fang	fo	fou			fei	fen	feng					
d	da	dai	dao	dan	dang		dou	dong	de	dei		deng		di		diao	dian
t	ta	tai	tao	tan	tang		tou	tong	te			teng		ti		tiao	tian
n	na	nai	nao	nan	nang		nou	nong	ne	nei	nen	neng		ni		niao	nian
l	la	lai	lao	lan	lang		lou	long	le	lei		leng		li	lia	liao	lian
g	ga	gai	gao	gan	gang		gou	gong	ge	gei	gen	geng					
k	ka	kai	kao	kan	kang		kou	kong	ke		ken	keng					
h	ha	hai	hao	han	hang		hou	hong	he	hei	hen	heng					
j														ji	jia	jiao	jian
q														qi	qia	qiao	qian
x														xi	xia	xiao	xian
zh	zha	zhai	zhao	zhan	zhang		zhou	zhong	zhe	zhei	zhen	zheng		zhi			
ch	cha	chai	chao	chan	chang		chou	chong	che		chen	cheng		chi			
sh	sha	shai	shao	shan	shang		shou		she	shei	shen	sheng		shi			
r			rao	ran	rang		rou	rong	re		ren	reng		ri			
z	za	zai	zao	zan	zang		zou	zong	ze	zei	zen	zeng		zi			
c	ca	cai	cao	can	cang		cou	cong	ce		cen	ceng		ci			
s	sa	sai	sao	san	sang		sou	song	se		sen	seng		si			
y	ya		yao	yan	yang		you	yong	ye					yi			
w	wa	wai		wan	wang	wo				wei	wen	weng					

iang	ie	iu	in	ing	iong	u	ua	uai	uan	uang	uo	ui	un	ü	üan	üe	ün
ying	ye													yu	yuan	yue	yun
	bie		bin	bing		bu											
	pie		pin	ping		pu											
	mie	miu	min	ming		mu											
						fu											
	die	diu		ding		du			duan		duo	dui	dun				
	tie			ting		tu			tuan		tuo	tui	tun				
niang	nie	niu	nin	ning		nu			nuan		nuo			nü		nüe	
liang	lie	liu	lin	ling		lu			luan		luo		lun	lü		lüe	
						gu	gua	guai	guan	guang	guo	gui	gun				
						ku	kua	kuai	kuan	kuang	kuo	kui	kun				
						hu	hua	huai	huan	huang	huo	hui	hun				
jiang	jie	jiu	jin	jing	jiong									ju	juan	jue	jun
qiang	qie	qiu	qin	qing	qiong									qu	quan	jue	qun
xiang	xie	xiu	xin	xing	xiong									xu	xuan	xue	xun
						zhu	zhua	zhuai	zhuan	zhuang	zhuo	zhui	zhun				
						chu	chua	chuai	chuan	chuang	chuo	chui	chun				
						shu	shua	shuai	shuan	shuang	shuo	shui	shun				
						ru			ruan		ruo	rui	run				
						zu			zuan		zuo	zui	zun				
						cu			cuan		cuo	cui	cun				
						su			suan		suo	sui	sun				
			yin	ying										yu	yuan	yue	yun
						wu											

3. 한글 자음, 모음 기본 발음표

한글 자음, 모음 기본 발음표

모음 / 자음	ㅏ [a]	ㅑ [ya]	ㅓ [eo]	ㅕ [yeo]	ㅗ [o]	ㅛ [yo]	ㅜ [u]	ㅠ [yu]	ㅡ [eu]	ㅣ [i]
ㄱ [g]	가 [ga]	갸 [gya]	거 [geo]	겨 [gyeo]	고 [go]	교 [gyo]	구 [gu]	규 [gyu]	그 [geu]	기 [gi]
ㄴ [n]	나 [na]	냐 [nya]	너 [neo]	녀 [nyeo]	노 [no]	뇨 [nyo]	누 [nu]	뉴 [nyu]	느 [neu]	니 [ni]
ㄷ [d]	다 [da]	댜 [dya]	더 [deo]	뎌 [dyeo]	도 [do]	됴 [dyo]	두 [du]	듀 [dyu]	드 [deu]	니 [di]
ㄹ [r]	라 [ra]	랴 [rya]	러 [reo]	려 [ryeo]	로 [ro]	료 [ryo]	루 [ru]	류 [ryu]	르 [reu]	리 [ri]
ㅁ [m]	마 [ma]	먀 [mya]	머 [meo]	며 [myeo]	모 [mo]	묘 [myo]	무 [mu]	뮤 [myu]	므 [meu]	미 [mi]
ㅂ [b]	바 [ba]	뱌 [bya]	버 [beo]	벼 [byeo]	보 [bo]	뵤 [byo]	부 [bu]	뷰 [byu]	브 [beu]	비 [bi]
ㅅ [s]	사 [sa]	샤 [sya]	서 [seo]	셔 [syeo]	소 [so]	쇼 [syo]	수 [su]	슈 [syu]	스 [seu]	시 [si]
ㅇ [o]	아 [a]	야 [ya]	어 [eo]	여 [yeo]	오 [o]	요 [yo]	우 [u]	유 [yu]	으 [eu]	이 [i]
ㅈ [j]	자 [ja]	쟈 [jya]	저 [jeo]	져 [jyeo]	조 [jo]	죠 [jyo]	주 [ju]	쥬 [jyu]	즈 [jeu]	지 [ji]
ㅊ [ch]	차 [cha]	챠 [chya]	처 [cheo]	쳐 [chyeo]	초 [cho]	쵸 [chyo]	추 [chu]	츄 [chyu]	츠 [cheu]	치 [chi]
ㅋ [k]	카 [ka]	캬 [kya]	커 [keo]	켜 [kyeo]	코 [ko]	쿄 [kyo]	쿠 [ku]	큐 [kyu]	크 [keu]	키 [ki]
ㅌ [t]	타 [ta]	탸 [tya]	터 [teo]	텨 [tyeo]	토 [to]	툐 [tyo]	투 [tu]	튜 [tyu]	트 [teu]	티 [ti]
ㅍ [p]	파 [pa]	퍄 [pya]	퍼 [peo]	펴 [pyeo]	포 [po]	표 [pyo]	푸 [pu]	퓨 [pyu]	프 [peu]	피 [pi]
ㅎ [h]	하 [ha]	햐 [hya]	허 [heo]	혀 [hyeo]	호 [ho]	효 [hyo]	후 [hu]	휴 [hyu]	흐 [heu]	히 [hi]

저자 소개(作者介绍)

최정윤(崔丁允)

대원대학교 뷰티스타일리스트과 교수

大元大学美容形象设计师学科教授

신운철(慎云哲)

광고홍보학 박사/올윈커뮤니케이션즈 대표

广告传播学博士/韩国互赢传媒公司代表

김은주(金恩柱)

제주한라대학교 관광중국어과 교수

济州汉拿大学观光中国语学科教授

미용 중국어

발 행 일 • 2013년 9월 30일
저 자 • 최정윤 · 신운철 · 김은주
발 행 자 • 최봉조
발 행 처 • 진샘미디어
주 소 • 서울시 은평구 역촌동 58-9
부호아파트 102동 상가 5호
전 화 • 02)353-4421
팩 스 • 02)353-4431
홈페이지 • www.jinsaem.co.kr
신고번호 • 제311-2005-000025호
I S B N • 978-89-92887-80-9 (93720)

정가 13,000원